"双一流"建设丛书·学术新锐系列

网络影像"碎片化"叙事体系建构研究

沈 晶◎著

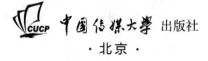

中国传媒大学 出版社

·北京·

序

廖祥忠

沈晶的这本书，缘起于他的博士论文。作为他的博士生导师，在本书即将出版之际，我由衷地为这个徒儿感到高兴与自豪。

众所周知，做一种跨学科的叙事体系研究并非易事。这不仅涉及多个学科领域，更需要有一种融会贯通的思维，而沈晶身上恰好具备了这种能力。在攻读博士学位期间，沈晶与我的交流常常"天马行空"：量子理论、传统文化、网络安全、文学诗歌、教育理念……在他的世界里，知识似乎没有疆域。面对任何一门学科，沈晶总会用一种热情赤诚的态度去思索、去畅想、去发现。

作为一名扎实、勤勉的年轻学者，在朋辈或为各种光鲜亮丽的时代潮流所吸引时，沈晶已经习惯了坐基础研究的"冷板凳"，打科研创作的"攻坚战"，本书就是最好的证明：历经六年时间的研究和写作，沈晶为读者们拨开了网络影像"碎片化"叙事的重重"迷雾"，用"扎硬寨打死仗"的方式，将一本佳作摆在了读者面前。

聚天下英才而教之真乃人生一大快事！

作为沈晶的导师，也作为沈晶前行的见证者，看着优秀的学生逐步成长，内心的欣慰和喜悦让我满足，对他的未来也充满着期待。不仅沈晶所在的中国传媒大学戏剧影视学院是教育部"双一流"建设学科，而且他执教的文艺编导专业也是这个学院中"老资格"的首个国家级一流本科专业。从1959年创办至今，这个专业为国家主流媒体培养了大批领军人物和优秀人才。作为中国传媒大学青年拔尖人才，沈晶无疑能在未来学术道路上取得更多成绩，为社会行业作出更多贡献。而作为一名人民教师，如今沈晶面临的不仅有自身学术研究的问题，更有将自身所学传授给学生的挑战。

学术研究需要攻坚克难，更需要薪火相传。未来，沈晶肩上的担子会更重，就像鲁迅先生说的："文艺是国民精神所发的火光，同时也是指引国民精神的前途的灯火。"期待着他能用自己发出的光，照亮更远的前方。

目 录

网络影像『碎片化』叙事体系建构研究

绪　论

传统媒体时代,电影电视中叙事学的发展已经相对完善。但是,进入互联网时代,媒介本体的变化,必然导致随之而来的叙事学革命。或许是万物皆有的惯性定律所致,叙事学的这场"革命"却迟迟不肯到来。无论是从业者还是研究者,仍旧沿用传统叙事学中的一些定式思维来思索已经到来的网络时代叙事。截至2018年6月,中国互联网网民规模已经达到8.02亿,比2017年年底增加了3.8%,互联网普及率达57.7%。[①] 而2018年6月前,网络视频用户数已经达到60 906万用户,较之2017年12月的数据增加了3 014万用户,在整体互联网用户中占到了76%。[②] 而反观传统媒体,据作者调研,截至2018年8月前,全国卫视仅有四家的盈亏为正数,作为传统电视行业的金字塔尖,卫视的生存情况尚且如此,更不论其他频道。这些数据意味着受众全面地从传统媒体转移到了互联网媒体。但是,受众的转移,并不代表着制作方式、播出平台的直接嫁接,并不简单地是受众接收端发生了变化。其实,从中央到地方,媒体融合的口号已经无数次被重提:2016年,广电

---

①② 中国互联网络信息中心.第42次《中国互联网络发展状况统计报告》[R/OL].(2018-08-20)[2019-08-22].https://www.cnnic.net.cn/n4/2022/0401/c88-767.html.

总局出台了《关于进一步加快广播电视媒体与新媒体融合发展的意见》；2017 年，广电总局发布《广播电视台融合媒体互动技术平台白皮书》，在《国家新闻出版广电总局办公厅关于征集 2018 年度文化产业发展专项资金新闻出版(重大方面)中央本级项目的通知》里，重点强调将支持媒体融合的发展内容；2018 年，广电总局成立媒体融合发展司……①这些举动，都代表着互联网媒体的影响力已经不容小觑，也代表着在互联网媒体里，我们的制作力量尚有不足。融合代表着两者的特性取长补短，互相融汇，可到底是传统媒体融合新媒体，还是新媒体融合传统媒体，这场说不清的纠纷一直有一个"谁主谁从"的困扰。这里面虽然有体制的原因，但更深层的，是研究者不愿打破原有叙事思维，在面对互联网这个"升维"问题时，仍用传统媒介的"降维"方式来处理问题：许多制作者在互联网世界里就像是一条鱼，想要从此游到彼，只能在水中世界找寻可能的方向，而互联网用户就像是岸上的观众，一眼就看出最佳路径。在科技如此迅猛发展的背景下，受众对制作者的耐心将越来越少。在 UGC 越发广泛的今天，我们必须明确：网络媒介已经是当下主流媒介，传统媒介需要放下自己的"架子"，甚至放弃自己多年在传统媒介中积累的制作经验，从头审视网络媒介，并在其中创立新的制作规则。

因此，在正式落笔之前，笔者搜寻了许多资料，原本打算直接从"碎片化"叙事的分支理论入手，探讨其体系建构问题。但令人意外的是，以"碎片化""叙事"共同作为关键词，在知网中的搜索结果只有 334 条。且不论这 334 篇论文水平参差不齐，大多数可以借鉴的论文都集中在了传播学领域，叙事学领域实不多见。而搜索英文关键词 fragment(碎片化)和 narratology(叙事学)，只出现 5 条结果。综观而看，在当下互联网时代，随着网络技术

①　所有官方文件均查阅自国家广播电视总局网站 www.nrta.gov.cn/.

的日益发展，"碎片化"的特征越来越明显。但是，当下的"碎片化"研究，更多倾向于社会学、经济学、管理学、教育学等学科，即便是有叙事学领域的研究，也更强调元叙事的解构，而非"碎片化"叙事的重构。"碎片化"并不是手段，而应是目的，"碎片化"的最终结果，一定是重新整合成一个新的整体。也就是说，研究"碎片化"叙事，重要的不仅是如何"由整变零"，更加重要的是如何"由零变整"，建立起一个完善的"碎片化"叙事体系。

在此情况下，在"碎片化"视域下直接研究网络影像"碎片化"叙事体系建构已经成为无源之水。所以，笔者反过头来，通过梳理"碎片化"形成脉络，试图找到一些可以借鉴的办法。在仔细研究了符号学、解构主义叙事学、现象学叙事学、民间叙事学、结构主义叙事学等众多相关研究后，笔者逐渐将目光锁定在了让-弗朗索瓦·利奥塔(Jean-Francois Lyotard)的理论上。从学术脉络上来讲，"碎片化"是后现代主义的一种产物，而作为后现代主义代表人物，利奥塔针对传统叙事即元叙事(mentanarrative)，提出了与之相对应的"小叙事"(small narrativies)概念。

虽然利奥塔所处年代尚未有互联网，但"小叙事"理论已经有了"碎片化"叙事的雏形。利奥塔认为，任何一种叙事都不是绝对的，都有其相对性，其绝对真理性或绝对合法性并不是一成不变的，也不是永远受制于一个统一法则，而要依据其所处环境而定。① 这与网络"碎片化"特征是一致的。但是，利奥塔提出"小叙事"理论，并不是为了直接探讨叙事学领域相关问题，而是为了证明知识的合法性，为了对科学知识与叙述知识之间的关系进行辨析与讨论。他认为，叙事作为传统知识的主要与"最完美"的表达形式，是叙述知识的基本内核。虽然从整体来看，叙事学的合法性也在其讨论范围

---

① LYOTARD J F. The differend: phrases in dispute[M]. Cambridge: Cambridge University Press, 1996:74-86.

以内,但是利奥塔的这种跨学科通论毕竟不能具体落实到"碎片化"叙事学的建构之上。

所以,笔者在综合考虑后,取诸家之长,结合网络"碎片化"特征,延续利奥塔的建构思路,回归叙事学本体,重新以叙事学的角度来审视如何建构网络影像的"碎片化"叙事体系。需要说明的是,一部分理论如苏珊·朗格(Susanne K. Langer)、恩斯特·卡西尔(Ernst Cassirer)、克里斯蒂安·梅茨(Chirstian Metz)等人的符号学,克洛德·列维-斯特劳斯(Claude Levi-Strauss)的结构主义叙事,汉斯-格奥尔格·伽达默尔(Hans-Georg Gadamer)的现象学叙事,弗拉基米尔·普罗普(Vladimir Propp)的民间叙事等理论虽然在本书撰写过程中都不同程度地对笔者产生了思维性启发,对本书的宏观布局产生了间接影响,但因没有具体理论在文章中直接呈现,故不在此赘述。

叙事学方面,笔者通过分析杰拉德·普利斯(Gerald Prince)对叙事学词汇方面的定义、安德烈·巴赞(André Bazin)关于视听艺术的理论、珀西·卢伯克(Percy Lubbock)在叙事学技巧方面的阐述、安德烈·戈德罗(André Gaudreault)对叙事影像中虚拟时间与真实时间的相关辨析、克里斯蒂安·梅茨关于影像符号如何对叙事结构产生影响的相关论述、阿尔吉达斯·朱利安·格雷马斯(Algirdas Julien Greimas)对叙述语法组成部分的建构思路、刘熙载在《艺概·文概》中对叙事事序的相关论述、沈从文关于叙事体态的相关论述、沃尔夫冈·凯瑟关于叙事中叙事声音的相关论述、瓦纳·C. 布兹对叙事中距离与视角的类别研究、詹姆斯·费伦(James Phelan)对叙事中修辞理论的辨析、韦恩·布斯(Wayne Clayson Booth)对叙事中作者身份的界定、穆木天对叙事中人物真实性与人物设定公式化的相关论述、巴赫金(Бахтин, Михаил Михайлович)在对托斯托涅夫斯基评述中所述的叙事中声音与意识的关系,得出"碎片化"叙事学本体建构的整体性观点。

符号学方面,笔者参考了罗兰·巴特(Roland Barthes)的符号学相关理论、茨维坦·托多罗夫(Tzvetan Todorov)关于叙述语式与符号之间的相关论述,同时结合圣·奥古斯丁(Saint Aurelius Augustinus)、马丁·海德格尔(Martin Heidegger)关于真实空间与假想空间中存在时间的探讨、巴门尼德(Parmenides of Elea)关于意志与在场以及言者和谛听的论述、保尔·利科(Paul Ricoeur)关于虚构中时间塑形的理论、柏拉图《理想国》中对体态及其言语的相关阐述、苏珊·S. 兰瑟(Susan Sniader Lanser)的理论中关于权威、规则、技巧、危机等对叙事可能产生影响的部分,得出"碎片化"叙事符号与叙事结构、叙事时空之间的关系。

后现代主义方面(包括"碎片化"相关内容),笔者主要参考了让-弗朗索瓦·利奥塔关于后现代状态的理论、雅克·德里达(Jacques Derrida)对延异性所带来的叙事异化方面的相关辨析、德孔布(Descombes)对正名理论的相关论述、Keith Crome 关于言语辨识性的理论及其对"沉默情感"的定义、马克·柯里(Mark Currie)从新历史主义观点对后现代主义叙事的辨析、茨维坦·托多罗夫对后现代主义文本方面的分析、克里斯·安德森(Chris Anderson)对"长尾理论"的相关论述、让-皮埃尔·欧达尔(Jean-Pierre Oudart)对电影中"缝合"理论的相关阐释、丹尼尔·达扬(Daniel Dayan)在让·皮埃尔基础上对"缝合"理论的进一步阐释、北京大学申丹教授对后经典理论的相关论述,得出与"碎片化"叙事体系相适应的"缝合性"叙事理论背景。

逻辑学方面,笔者主要参考了亚里士多德(Aristotle)《诗学》(Poetics)中关于偶然性的定义和阐释,康德(Kant)的三大批判中所涉逻辑学部分,特别是《纯粹理性批判》(Kritik der reinen Vernunft)中的先验逻辑部分,莱布尼茨(Leibniz)对科学中的偶然性所作的阐释,维克多·冯·施特劳斯

(Victor Von Strauss)对偶然性与可能性的界定,米歇尔·马科普勒斯(Michael Makropoulos)对偶然性和多重性的相关定义、莱布尼茨对感知经验体验进程的相关论述,福柯(Foucault)对偶然性逻辑与传统逻辑之间的刘比研究,福斯特(E. M. Forster)关于叙事情节与叙事逻辑之间的不对位辨析,布雷蒙(Bremon)所列举的几种叙事逻辑的可能性,得出"碎片化"叙事的逻辑体系建构。

现象学方面,笔者主要参考了胡塞尔(Husserl)和黑格尔(Hegel)关于"现在性""当下性""绽出性"等生活世界时间现象的讨论、道恩·麦克朗(McClung)对"在场性"的相关阐释,得出"碎片化"叙事表达与本质之间的关系。

综上所述,通过对后现代主义的研究,结合"碎片化"特征以及哲学、美学、符号学、叙事学、逻辑学、现象学等一系列相关理论,本书逐渐梳理出了一套相对完整的网络影像"碎片化"叙事体系建构原则、建构路径、建构逻辑。其中,借鉴意识形态研究领域的观念,本书创新性地引入了缝合性原则。这一原则是本书的核心理念。在缝合性原则的指导下,笔者进一步提出了"缝合点"叙事模式,并据此将网络影像"碎片化"叙事分为"时""体""式"三部分,进而采用了与缝合性原则和"缝合点"叙事相适应的偶然性逻辑,运用建模的方式,在限定叙事条件的情况下,通过排列组合建设性地提出了一系列网络影像"碎片化"叙事时长、时序、时频、情节、事序、体态、声音、视角、视域模型,在合理性分析的基础上,完成了从元叙事到"碎片化"叙事和从"碎片化"叙事到元叙事的解构、重构研究,最终实现"碎片化"叙事体系的双向建构。

第一章
网络影像"碎片化"叙事表达维度

"碎片化"叙事表达维度从共时性、历史性角度区分,应有叙事语式和叙事时间两个方面。而叙事语式应涵盖距离维度和视点维度,叙事时间应该涵盖时序维度、时距维度和时频维度。

第一节 共时性表达维度:叙事语式

语式(mode)概念来源于语言学。一般认为语式是一种进行交际所采用的信道。也就是指说话人在一定语法下用动词形态表述其观点和态度。法国结构主义学家热奈特借用了语言学中的概念,用"语式"代指叙述中出现的叙事形态,即叙事内容表现方法和叙事内容调整状态:"讲述一件事的时候,的确可以讲多讲少,也可以从这个或那个角度去讲;叙述语式范畴涉及的正是这种能力和发挥这种能力的方式。"[①]"语式范畴,探讨叙述'表现'形态(形式和程度)问题,指的是叙述者叙述故事所采用的各种形式以及叙述

---

① 热奈特.叙事话语 新叙事话语[M].王文融,译.北京:中国社会科学出版社,1990:107.

时与之保持的距离,包括距离和视角两种形态。"①热奈特将叙述信息的调节手段分为了两类:距离和视角。距离原本是指三维空间或四维时间上的间隔,在这里热奈特借用为叙事者对事件的还原,即"叙事可用较为直接或不那么直接的方式向读者提供或多或少的细节,因而看上去与讲述的内容保持或大或小的距离。"②对于"碎片化"而言,即被"碎片化"叙事部分与原来整体的叙事在叙述领域上存在多少差异。而投影指"碎片化"过程中,叙事者视点发生再次变化,"叙事也可以不再通过均匀过滤的方式,而依据故事参与者的认识能力调节它提供的信息,采纳或佯装采纳上述参与者的通常所说的'视角'或视点,好像对故事作了这个或那个投影。"③对于"距离"与"视角"的解释,热奈特形象地将其比喻为:"这就像欣赏一幅画,看得真切与否取决于与画的距离,看到多大的画面则取决于与或多或少遮住画面的某个局部障碍之间的相对位置。"④这样的比喻很好地为"碎片化"叙事共时性表达提供了两个维度,即距离维度与视点维度。

一、距离维度

"碎片化"叙事语式中的距离维度是指"碎片化"部分与元叙事之间的纵向深度比较。即"碎片化"部分以怎样的"距离"来解构元叙事。这个"距离"分为两类,即美学距离和叙述距离。

从美学的角度来看,距离是指审美者与被审视者之间的审美关系,即二次加工后的"碎片化"叙事与元叙事之间的审美比较。对此我们首先要明确一点,即这两者审美之间,确实需要一定距离,否则"碎片化"叙事便不可能

① 热奈特.叙事话语 新叙事话语[M].王文融,译.北京:中国社会科学出版社,1990:9.
② 热奈特.叙事话语 新叙事话语[M].王文融,译.北京:中国社会科学出版社,1990.:107-108.
③ 热奈特.叙事话语 新叙事话语[M].王文融,译.北京:中国社会科学出版社,1990:108.
④ 热奈特.叙事话语 新叙事话语[M].王文融,译.北京:中国社会科学出版社,1990:108-109.

存在独立的审美空间。柏拉图在《大希庇阿斯》中提出审美者在审美过程中一定要与被审视者保持不同的距离。只有两者审美距离不同,才能符合布洛在《作为艺术要素和审美原则的"心理距离"》一文中提出的"心理距离",元叙事审美和"碎片化"审美才可能同时成功,否则便有同质化嫌疑,会让受众产生审美疲劳。布莱希特和列维-斯特劳斯所说的俄罗斯形式主义的"陌生化",就是要在这种二次重构之间创造审美距离,重新唤醒审美者的审美意识与批判意识。

如果我们将元叙事的审美本体全集视为一个圆形,其圆心为审美主题全集 O,其半径为审美距离 R,其审美内容全集为圆面积 S。那么,"碎片化"叙事审美主题子集为圆心 o_1、o_2,"碎片化"叙事审美距离为 r_1、r_2,"碎片化"叙事审美内容为以 o_1、o_2 为圆心,r_1、r_2 为半径所覆盖的圆的面积 s_1、s_2。任一"碎片化"叙事审美主题在垂直面上与元叙事审美主题应是同轴关系,任一"碎片化"叙事审美距离在水平面上与元叙事审美距离应是一种半径轴向上的包容关系,即同心圆组。不同的"碎片化"叙事同心圆代表着元叙事的一个审美主题和部分审美内容,而不同的"碎片化"叙事同心圆之间应该是垂直层面的平行关系,避免审美主题和审美内容的重复。每一层同心圆的审美主题、审美内容各不相同,各自独立强化元叙事审美。同心圆审美距离的半径越长,代表其审美的表征能力越强,如图1.1所示。

以中央电视台大型纪录片《记住乡愁》的"碎片化"视频为例,如果同一个主题出现在两个以上视频中,为了拉开主题之间的审美距离,就会对某一主题做同等替换,这类似于同义词替换。《记住乡愁》第三季中以千灯镇为拍摄对象所制作的两个"碎片化"视频,两个视频的主题都聚焦于"义"字,第一个视频的主人公是一个在越战中立功的老人,第二个视频的主人公是一个为古镇小孩读书捐献了三十多万元的拾荒者。为了避免主题重复,两个

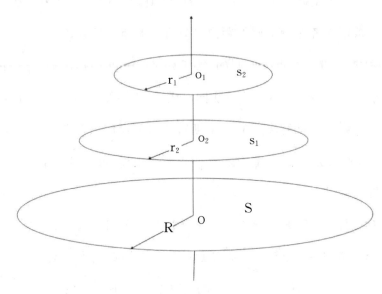

图 1.1　元叙事审美本体全集与子集

视频最终为故事确立了明确的半径边界；第一个故事的审美半径最大，是国家民族大义；第二个故事的审美半径稍小，是舍己为人的无私小义。这样就让两个故事主题各得其所。

从审美主题上讲，"碎片化"叙事的审美主题集合一定大于或等于元叙事审美主题全集，这样才能保证"碎片化"叙事的审美主题不仅能完全拆分元叙事圆形，同时也能完整重构元叙事圆形。但从审美距离上讲，"碎片化"叙事的审美距离集合却不一定要大于元叙事审美距离。因为"碎片化"网络影像有时要求受众在短时间内吸收大量审美内容，如果审美距离过大，观众理解效率就会降低。借用一句俗语"离得越近，看得越清"，一些元叙事之所以进行"碎片化"处理，正是为了降低审美距离，用"蚂蚁搬家"的方式分解元叙事的庞大审美对象。

在《理想国》一书中，柏拉图提出了模仿和纯叙事两种截然不同的叙述方式。这两种方式与元叙事叙述方式之间的差异，即叙述距离。对"碎片化"而言,模仿是指叙述者站在元叙事的立场上,尽可能保持和元叙事相同的叙述方式进行叙事。而纯叙事则是指"碎片化"叙事重新选择叙述方式,以新的语气和观点讲述元叙事中的事件。

与审美距离的概念类似,我们把元叙事的叙述内容全集视为一个圆形L,其叙述方式为圆心集合 M,其叙述距离为半径 N。相对应的,"碎片化"叙事叙述内容则为 l_1、l_2,其叙述方式圆心为 m_1、m_2,其叙述距离为半径 n_1、n_2,无论"碎片化"叙述方式如何对元叙事叙述方式进行解构,同样要保证既能一一拆分元叙事的叙述内容,又要能完整重构元叙事的叙述内容。但是,叙述方式不同于审美主题,"碎片化"叙事审美主题 r_1、r_2 如果不在元叙事审美主题的集合 R 之内,那么重构后的元叙事将出现审美主题偏差。而叙述方式则不存在这一问题。叙述方式就像数学公式的求解过程,1+1 可以等于 2,4+1−3 也可以等于 2。公式左边的求解过程代表叙述距离,公式里的各种运算符号代表叙述方式,公式右边的解答答案代表叙述内容。所以,"碎片化"叙述方式可以与元叙事叙述方式不同,但叙述内容上必须仍然满足"碎片化"子集的集合大于或等于元叙事全集,也就是组成不同心的圆组,如图 1.2 所示。

例如,美剧《在下,鄙人和我》(*Me,Myself and I*),该剧描述了主角Riley 的三个人生阶段:从出生到 1994 年——少年时代,从 1994 年到 2017年——中年时代,从 2017 年到 2042 年——老年时代。每一段人生虽然都讲述了 Riley 的生命轨迹,但叙述距离不同,随着 Riley 对人生的感悟越多,剧集中越显示出"人生"这一宏大主题的子审美主题。观众可以发现,当全剧结束的时候,每一集的审美主题的集合远大于整个影片开始时导演所设置的审美主题。

因此,要保证元叙事叙述内容"碎片化"后逆推重构的可能,就要满足

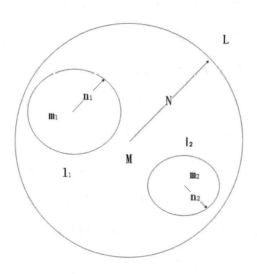

图 1.2　元叙事叙述内容全集与子集（模仿叙述）

"碎片化"叙述内容不同心圆的整合，能完全覆盖甚至超出（越出部分）、强化（重叠部分）元叙事的叙述内容。完全被元叙事所包含的不同心圆类似于图1.2，属于模仿叙述。当模仿叙述与元叙事之间的叙述距离为0的时候，也即模仿叙述完全与元叙事圆心重叠，两者叙述方式完全相同，属于完全模仿。不完全被元叙事所包含的不同心圆类似图1.3，属于纯叙事叙述。当元叙事本体这个圆与"碎片化"叙事这个圆之间的重叠空间越大时，"碎片化"叙事的独立性、凝练性、概括性就越弱，其分界点在于"碎片化"叙事的叙述距离如果大于元叙事叙述距离时，则"碎片化"叙事的圆心叙述方式开始脱离元叙事叙述方式所涵盖的范围，开始出现独立性。

但是，因为"碎片化"叙事叙述内容始终要能满足重构元叙事叙述规律，所以"碎片化"叙述半径要大。叙述方式的独立性越高，重构元叙事所要求的"碎片化"圆组数量就越多，"碎片化"程度就越高，这又为叙事者提供了更多挑战。

亨利·詹姆斯在《小说的艺术》中提出了"展示"与"讲述"两个对立的观

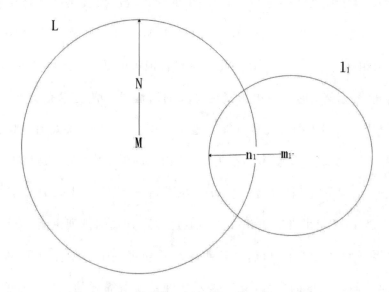

图 1.3　元叙事叙述内容全集与子集（纯叙事叙述）

念，在此可以类比于这两种类型的"碎片化"不同心圆。完全涵盖的同心圆
在叙述方式上基本沿袭元叙事，属于元叙事的同质化"展示"；而不完全涵盖
的同心圆在叙述方式上则有自己独立的成分，属于元叙事的二度"讲述"。
普里斯在《叙事学辞典》中提出，"讲述"和"展示"是调解叙述距离的两种基
本方式：展示是"以对形势和事件的细节描绘、场景呈现和最低程度的叙述
调节为特征"①，换而言之，不同心圆被元叙事完全涵盖的范围越大，展示的
程度越高；而在本书中讲述是"以较少的形势和事件的细节以及较多的叙
述调节为特征"②，即不同心圆超出元叙事的范围越大，讲述程度越高。这也
印证了之前的论述。

　　所以，正如热奈特所说："完美模仿需要的是最大的信息量和最小的介
入度，纯叙事的定义则正好相反。"③"碎片化"叙述的信息量越大，则叙述者

①　PRINCE G. A dictionary of narratology[M].Lincoln:University of Nebraska Press,1987:87.
②　PRINCE G. A dictionary of narratology[M].Lincoln:University of Nebraska Press,1987:96.
③　热奈特.叙事话语　新叙事话语[M].王文融，译.北京:中国社会科学出版社,1990:111.

越不介入,展示程度就会越高,"碎片化"的模仿程度就会越高;"碎片化"叙述的信息量越小,则叙述者越介入,讲述程度就会越高,"碎片化"的纯叙述程度就会越高。叙述方式可以类比巴赞对长镜头的观点,他认为,长镜头通过展示连续、完整的时空使电影成为现实的渐近线[①],使艺术有了不让人介入的特权[②]。而展示则通过尽可能多地讲述内容,又不介入太多主观叙述,使"碎片化"叙事成为元叙事的渐近线,即柏拉图说的"假装不是诗人(在此诗人类似于'碎片化'叙事者,笔者注)在讲话"。而纯讲述则类似于"蒙太奇",是"碎片化"叙事者有意识介入。通过叙述方式的排列重组,纯讲述将元叙事拆分为一系列小单位,并且明确给受众每一个小单位以单一含义。因而,对于同等长度的"碎片化",展示比纯讲述所需要的元叙事信息量更大。所以,判别叙述距离的大小,关键要看元叙事与"碎片化"叙事叙述内容的大小的比较及"碎片化"叙事叙述者的介入程度。

综上所述,一般来说,元叙事在"碎片化"过程中,必然产生距离维度,"碎片化"程度越高,距离维度越大,叙事的历时性差异就会越大。但通过分析我们发现实则不然。"碎片化"叙事通过成组出现的方式,分摊了"碎片化"叙事距离集合。因此,"碎片化"程度越高,单一"碎片化"叙事与元叙事之间的距离半径反而越小,"碎片化"叙事与元叙事的共时性特征自然越多。

二、视点维度

珀西·卢伯克在《小说技巧》一书中提出了"视点"的概念,他认为"当小说家希望戏剧化地展示人物意识时,要想使读者直接'看到'人物内心活动而同时又不让叙述人的声音介入故事,一个有效的办法就是采用人物的眼

---

① 巴赞.电影是什么[M].崔君衍,译.北京:中国电影出版社,1987:353.
② 巴赞.电影是什么[M].崔君衍,译.北京:中国电影出版社,1987:11-12.

光观察,让人物自己'讲述'故事。"[①]在这里,卢伯克认为的视点是叙事者的视点。单纯对于元叙事而言,这样的看法并没有问题。但是,"碎片化"叙事的视点却不能是叙事者视点,而必须是受众视点。因为在"碎片化"处理过程中,叙事者视点随时可能因为叙事方式、叙事时序等因素而产生变化,但同一受众的视点却始终和元叙事保持一定程度上的共时性。

如果我们将元叙事中受众的视点视为一个完整全集,认为在元叙事中受众视点是全知性的,那么,"碎片化"叙事中受众的视点则是有限性的子集。如果元叙事视角角度为 B,则"碎片化"叙事中受众的视角角度为 b_1、b_2,元叙事视角所覆盖的区域为审视内容全集 C,则"碎片化"叙事中受众的审视内容为 c_1、c_2、c_3。

在这里,我们将"碎片化"后的受众视点(简称"碎片化"视点)与元叙事中的受众视点(简称元叙事视点)分为三类讨论。

(一)"碎片化"视点>元叙事视点

这一类是最常见的"碎片化"视点处理方式。因为"碎片化"过程所带来的新的信息,让"碎片化"受众比元叙事受众处于更有优势的观察位置,能掌握到更多元叙事受众不知道的信息,包括元叙事中不曾提及的一些剧情活动、思想情感。相较于元叙事受众,在这一类视点中,"碎片化"受众反倒更像是一个超越全知的感知者。这一类处理方式要细分出两个小类。

第一小类是在元叙事受众视点数量不变的情况下,通过扩充"碎片化"受众视点的视角角度不断加强受众对这一视点的认知,类似于"第一人称主人公叙述中的回顾性视角"[②]。这一小类与审美距离同心圆组构建十分相似,每一组"碎片化"视点都与元叙事视点的出发点相同,组与组之间呈平行

① 申丹,韩加明,王丽亚.英美小说叙事理论研究[M].北京:北京大学出版社,2005:133-134.
② 申丹,王丽亚.西方叙事学:经典与后经典[M].北京:北京大学出版社,2010:95.

关系。这一小类需要满足 $c_1 + c_2 + c_3 \cdots \cdots \geqslant C$，即"碎片化"叙事的审视内容要大于等于元叙事的审视内容，否则便不能完整重构元叙事，如图1.4所示。

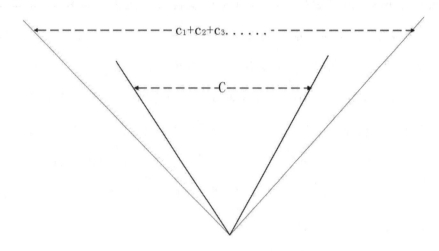

图1.4 "碎片化"叙事审视内容大于等于元叙事审视内容

例如《神盾局特工》（*Agents of S.H.I.E.L.D.*）与漫威电影《复仇者联盟》（*The Avengers*）之间即存在这种情况。这两部作品内容有大量重叠，但《神盾局特工》通过不停增加叙事角色、丰富叙事视角，大大拓宽了元叙事的审视内容。最典型的就是《神盾局特工》第三季开场时，主角库尔森提到，复仇者联盟即将面临一场恶战。此时《复仇者联盟2》电影尚未上映，于是库尔森在《神盾局特工》第三季中扮演了一个超越《复仇者联盟2》的全知感知者角色。《神盾局特工》第三季也就完成了《复仇者联盟2》的视角延伸。

第二小类是"碎片化"受众视点数量增加，即在"碎片化"叙事中增加元叙事中没有的受众视点，如图1.5。例如提供新的切入视点，帮助受众更好地理解剧情。这一小类类似于叙述距离不同心圆组的建构，每一组"碎片化"视点与元叙事视点不同轴。如果我们称元叙事视点涵盖面积为C，那么每一组"碎片化"叙事视点在元叙事视点上的投影集合也同样需要保证 $c_1 + c_2 + c_3 \cdots \cdots \geqslant C$。值得注意的是，相较于第一小类，第二小类需要更精确地计算每一组"碎片化"叙事的视点视角,尽量保证"碎片化"叙事的视点视角不要大于元叙事视点视角,否则便会出现不同"碎片化"叙事之间审视内容冗余的情况。

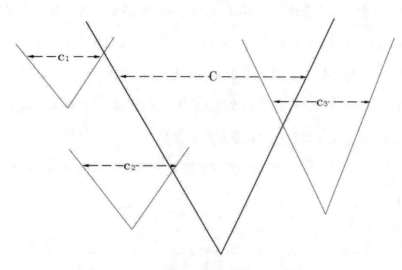

图 1.5 "碎片化"叙事视点视角小于元叙事视点视角

以《神盾局特工》第五季为例,除主角库尔森之外,还有许多角色在《复仇者联盟3》中未曾出现。这些角色总是有意无意间透露许多《复仇者联盟3》中未曾详细阐述的内容,让观众通过这一类视点变化获得更多信息。《神盾局特工》第五季最后,塔伯特将军将重力镒注入了自己体内,变成能操控重力的"重力子",轻松地杀死了银河联盟六大领袖之一的夸瓦斯的手下,强迫对方臣服并带他去见其他联盟领导人,想要与他们谈判。谈判过程中,其中一位联盟领导人塔瑞恩告诉塔伯特,地球将面临比银河联盟更恐怖的威胁。这个威胁正是此时还未上映的《复仇者联盟3》中的反派灭霸,但是塔伯特和夸瓦斯之间对话透露出的内容并未超过《复仇者联盟3》的视点视角,所以在埋下伏笔的同时,并未过早地解开故事悬念。

（二）"碎片化"视点＜元叙事视点

在这一类里，"碎片化"受众只能管中窥豹，因为叙事者在"碎片化"过程中对元叙事进行了拣择，使得"碎片化"受众只能以限制性感知者的身份客观观察，不能洞悉元叙事的全部视点。这一类大多发生在元叙事叙述从第一人称改为"碎片化"叙事第三人称，或采用"第一人称叙述中见证人的旁观视角"[①]时（"碎片化"受众视点可能聚焦于主线故事外，但却处于叙述者的故事之中）。叙事者将自己认为无效的受众视点删除，甚至忽略了元叙事中的情感逻辑，仅为受众提供一个信息观察者身份。

如图 1.6 所示，单一"碎片化"叙事视角 b_1 小于元叙事视角 B，且 $b_1 +b_2 < B$。

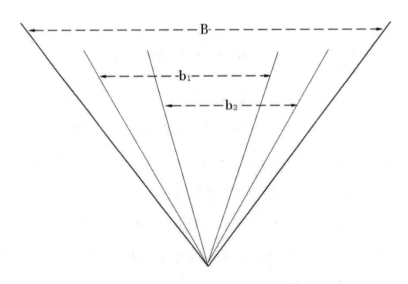

图 1.6　"碎片化"叙事视角小于元叙事视角

这种类型最典型的例子就是一些电影的预告短片。需要注意的是，受众视角的降低并不一定代表审视内容的减少。因为网络"碎片化"所具有的

---

① 申丹，王丽亚.西方叙事学：经典与后经典[M].北京：北京大学出版社，2010：95.

短、平、快特征,叙事者需要在有限时间的条件下通过改换人称视点提高叙事效率。

(三)"碎片化"视点＝元叙事视点

这一类常见于"探寻真相类"的叙事,通过累积"碎片化"视点数量,逐渐还原元叙事的原貌。表面上看,这一类与第一类"碎片化"视点＞元叙事视点很类似,都是在增加"碎片化"视点数量,但实际上这一类和第一类有本质区别。第一类"碎片化"叙事与元叙事之间是"增补—阐释"关系,而在这一类里,"碎片化"叙事与元叙事之间是"递进—还原"关系。在"递进—还原"的关系里,受众以有限的视角观察事件,这种视角在叙事者的调解下,慢慢递增事件疑念,好比镜头慢慢聚焦,使对焦点慢慢从不清晰变为清晰。最典型的例子就是各种悬疑剧,例如美剧《基本演绎法》(*Elementary*)、英剧《神探夏洛克》(*Sherlock*)等。但需要注意的是,如果一个"碎片化"叙事单元承担了一个"递进—还原"关系,而"碎片化"叙事单元之间从总体上来看却不存在"递进—还原"的叙事线索,那么这一类叙事首先就不是"碎片化"叙事,而更像是元叙事集合,故不能纳入这一类型。

热奈特对叙事视点中聚焦的分类可分为三种[①],一是渐进式单视点聚焦;二是并进式复视点聚焦;三是混合式多重视点聚焦。

1.渐进式单视点聚焦

这种情况下,"碎片化"叙事视点数量与元叙事相同,有且只有一个,如图 1.7 所示。其"碎片化"的过程,就是以元叙事视点 A 为圆心,按"碎片化"视角 a_1、a_2、a_3、a_4 进行逐步分割,最终完全将元叙事视角以"切蛋糕"的方式分割殆尽。这种类型的"碎片化"叙事逻辑十分简单,只要保证每一个"碎片

① 热奈特.叙事话语 新叙事话语[M].王文融,译.中国社会科学出版社,1990.

化"单元之间环环相扣即可。

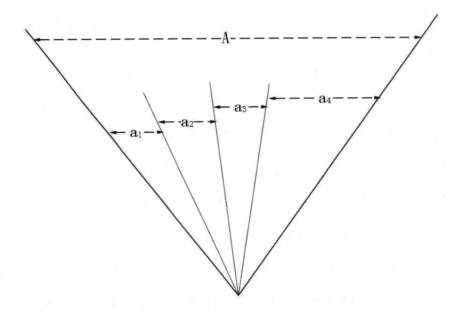

图 1.7　"碎片化"叙事视点数量等于元叙事视点数量

当下许多竞赛类网络综艺节目就采用了这种叙事视点,例如韩国综艺 *Produce 101*。在每一场组队结束后,导演分别通过不同组组员之间的准备、排练、心里活动状态等不同视点,讲述下一场公演前发生的故事。导演将一个完整的公演拍摄视点,"碎片化"到了不同选手身上,由这些视点共同建构一个更为细致的整体化视角。

2.并进式复视点聚焦

这种情况下,"碎片化"叙事视点数量开始增多。表面上看,这种情况与"碎片化"视点<元叙事视点十分类似,但实则不然。如图1.8所示,$c_1 + c_2 + c_3$ 的目的是为了"增补—阐释",$c_1 + c_2 + c_3$ 大于 C 的部分,相当于语言学里的阐释项,起到了锦上添花的作用。但在"碎片化"视点<元叙事视点的情况下,$c_1 + c_2 + c_3$ 必须等于C,即必须原貌还原C。如果有多出部分,即是

画蛇添足,会让受众不知其叙事来源。这种情况下,最终求和结果,并不是直接计算元叙事与"碎片化"叙事叠加部分,而是不同"碎片化"叙事相交形成的阴影面积,即通过"碎片化"叙事逻辑组成的演绎审视内容,与元叙事审视内容相同。

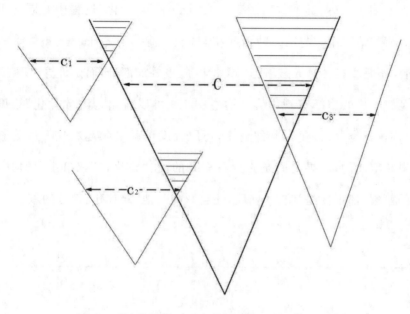

图 1.8 "碎片化"叙事审视内容等于元叙事审视内容

这一类情况出现在一些情感类网络综艺节目中,例如韩国综艺节目 *Heart Signal*。节目组安排十二位男女同住一个屋檐下,他们通过日常相处和完成节目组任务,最终成功结为情侣者获胜。在选择下一场想要约会的对象前,同一屋相处的六对男女需要按照性别分别完成一项相同的任务。这就会涉及在面对同一个任务时,同一性别的选手可能会遭遇相同的困难。如果采用并进式复视点聚焦,观众可能会错过面对同一情况时不同选手的反应对比。而节目放大了不同选手在同一叙事内容中的不同反应,这些反应有的将直接导致接下来情节发生变化。所以,在某些叙事内容出现重复的情况下,*Heart Signal* 中的剧情不仅不显拖沓冗长,反而在这种视点复式聚焦的模式下牢牢吸引观众、推动故事前进。

3.渐进—并进混合视点聚焦

这种情况最为复杂,是前两种情况的综合,不仅"碎片化"叙事视点数量增多,单一"碎片化"叙事视点本身也同时逐步分割。即 A 增加为 a_1、a_2,B 分割为 b_1、b_2。这一类型常出现于受众需要在"碎片化"过程中对同一事件反复观察的情况中。与第二种情况相同,这一情况下 $c_1 + c_2$ 的最终求和结果,同样不是直接计算元叙事与"碎片化"叙事叠加部分,而是计算"碎片化"叙事逻辑组成的演绎审视内容。通过图 1.9 可以看出,其"碎片化"程度越高,建构逻辑越复杂,建构条件越多,还原程度也就必须越精密。因为叙事的逻辑是双向的,因果之间是必要且充分的,在"碎片化"叙事中,任何一条线索的割裂,都不仅是其自身问题,还会影响其他"碎片化"部分的叙事。

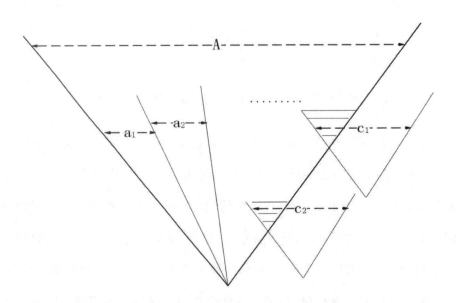

图 1.9 "碎片化"叙事视点与审视内容同时增加

所以,综上所述,与距离维度类似,在一般意义理解上,元叙事在"碎片化"过程中,必然产生新的视点维度。"碎片化"程度越高,新的视点维度越多,叙事的历时性差异也会更大。但通过分析,我们又一次发现实则不然。因为无论"碎片化"程度有多高,新视点维度下的审视内容合集始终需要完全包涵元叙事的审视内容。"碎片化"程度越高,"碎片化"叙事之间的逻辑性就越高,新的审视内容就越需要接近元叙事内容,以防出现叙事逻辑漏洞,"碎片化"叙事与元叙事的共时性特征自然也就越多。

第二节　历时性表达维度:叙事时间

叙事离不开时间,无论是话语还是故事,都是在时间中展开的艺术形式。在"碎片化"时代中,时间的重要性更是不言而喻。可以说,传统叙事学中,人们考虑叙事时间,并不是以叙事时间作为研究主体,时间只是结构、言语、符号等概念的附属属性,是一个相对概念而非绝对概念。通常情况下,在相对的时间概念里,传统叙事是以一定次序,完成指定方向的叙述,所以故事时间和话语时间经常容易混为一谈。而在"碎片化"语境下,时间维度被放到了首位,成为网络影像历时性表达维度的关键。

"碎片化"叙事时间所要研究的,就是叙事者如何在"碎片化"的话语时间内解构故事时间内所发生的元叙事。换句话讲,叙事时间就是通过畸变,用能指时间展示所指时间内的叙述内容,即把一种时间兑现为另一种时间[①]。热奈特把两者之间的关系总结为了三个方面:时距、时序、频率。时距指事件的时距(故事段的持续时间)与叙述这些事件的伪时距(作品段落的持续时间)之间的关系[②];时序指"在故事中事件接续的时间顺序和这些事件在叙事中排列的伪时间顺序的关系"[③];频率指"故事重复能力和叙事重复能

---

① 热奈特.叙事话语　新叙事话语[M].王文融,译.北京:中国社会科学出版社,1990:12.
② 孙鹏.电影理论中的结构主义思想研究[D].南京:南京师范大学,2012:92.
③ 热奈特.叙事话语　新叙事话语[M].王文融,译.北京:中国社会科学出版社,1990:13.

力的关系"①。网络影像"碎片化"历时性表达维度主要从这三个方面展开。

(一)时距维度

以笔者自身经历为例,笔者原来在电视台审片子,常常会批评一些片子"篇比"过长,也就是无效的故事时间过长,其中的冗余信息会让观众觉得节奏拖沓、乏味。"碎片化"叙事同样遵循类似的原则。不同的是,传统叙事的"篇比"是指原始素材与实际成片之间的比较,而"碎片化"叙事的"篇比"是指"碎片化"叙事与元叙事之间的比较。前者是无序素材与有序叙事的比较,后者是有序叙事与有序叙事的比较。对前者而言,原始素材只有叙事时间没有话语时间,实际成片则两者皆有。对于后者而言,两者都有各自的叙事时间和话语时间。所以,"碎片化"叙事的时距其实指的是元叙事的话语时间与"碎片化"叙事的话语时间之间的比较。

在《叙事话语 新叙事话语》中,热奈特提出了话语时距(TR)和故事时距(TH)之间的四种速度关系:(1)概要:话语时距短于故事时距(TR<TH);(2)停顿:叙述时距无穷大,故事时距为零(TR=n,TH=0,故 TR∞>TH);(3)省略:叙述时距为零,故事时距无穷大(TR=0,TH=n,故 TR<∞TH);(4)场景:话语时距基本等于故事时距(TR=TH)。②

借鉴于此,我们将两者(TR、TH)替换为(TR$_1$、tr$_1$)以分别代表元叙事话语时距和"碎片化"叙事话语时距。两者存在以下五种新关系:

1.概要关系

在传统叙事中,概要是指话语时距比故事时距要短(TR<TH),主要用于叙事的资料性介绍或对频繁重复活动的概括性描写。但在"碎片化"叙事中,概要是指针对某一叙述,"碎片化"叙事话语时距比元叙事话语时距要

---

① 热奈特.叙事话语 新叙事话语[M].王文融,译.北京:中国社会科学出版社,1990:13-14.
② 孙鹏.电影理论中的结构主义思想研究[D].南京:南京师范大学,2012:97-98.

短。因为传统叙事只有一条完整叙事线索（无论这条叙事线索内部是不是平行结构，从外部看都是一条线索），而"碎片化"叙事则存在"碎片化"之间多条平行叙事，概要的过程可能在多条平行叙事之间同步进行。所以，概要这一类又要分为两小类：第一小类，是"碎片化"叙事话语时距 $tr_1 + tr_2 + tr_3 \cdots < TR$，这一类属于真正概要；第二小类，是 $tr_1 + tr_2 + tr_3 \cdots = TR$，这一类其实是"碎片化"叙事之间平摊了元叙事的话语时距。从表面看，某一独立"碎片化"叙事的话语时距确实小于了元叙事话语时距。但从整体看，元叙事话语时距并未减少，只是分配给了每一个独立"碎片化"叙事单元。

2.停顿关系

传统叙事中，停顿指故事时距被暂停，而话语时距仍在继续。此时"叙事的一个明确时长不与任何虚构世界（故事）的时长相对应"[1]。热奈特认为："故事外的叙述者为了想给读者提供某些信息，从自己的视角而不是从人物的视角来描述人物的外貌或场景，暂时停止故事世界里实际发生的连续过程时，描述段落才成为停顿。"[2]

而在"碎片化"叙事中，停顿则指针对某一段叙事，"碎片化"叙事话语时距的总和 $tr_1 + tr_2 + tr_3 \cdots$ 要大于元叙事话语时距 TR。但这只是充分不必要条件，因为传统叙事是一条完整叙事线索，故事时距暂停意味着话语时距一定在延续，否则整个叙事便会中断。但"碎片化"叙事的平行结构，造成了很有可能出现一部分"碎片化"叙事话语时距停顿，而另一部分碎片化叙事话语时距并未停顿的情况。对于这种情况，如果某一段叙述的"碎片化"叙事话语时距与元叙事话语时距在视点上保持了一致性，那就不应该将其算为完全停顿。这一点在接下来的第五种扩张关系里会具体分析。

---

① 戈德罗,若斯特.什么是电影叙事学[M].刘云舟,译.北京:商务印书馆,2005:159.
② 申丹,王丽亚.西方叙事学:经典与后经典[M].北京:北京大学出版社,2010:123.

3.省略关系

在传统叙事学中,省略与停顿是相对应的。此时话语时距为 0,而故事时距无穷大。也就是说叙事中的一些事件被省略了。但是,因为"碎片化"叙事的平行结构,如果一部分"碎片化"叙事的话语时距为 0,而另一部分非 0,就会造成元叙事故事时距的不完全省略。我们将元叙事话语时距省略部分称为 $-TR_1$、$-TR_2$、$-TR_3$……,将"碎片化"叙事话语时距省略部分称为 $-tr_1$、$-tr_2$、$-tr_3$……参考安德烈·戈德罗(André Gaudreault)与弗朗索瓦·若斯特(Francois Jost)将传统叙事省略分为明确省略、暗含省略、纯假设省略三类,结合"碎片化"叙事特征,对"碎片化"叙事的省略,我们同样可以分出三个新的小类。

(1)充分必要省略。这一小类为完全省略,即 $(-tr_1)+(-tr_2)+(-tr_3)……=(-TR_1)+(-TR_2)+(-TR_3)$……元叙事中的话语时距在"碎片化"后被叙事者完全省略了。

(2)充分不必要省略。这一小类为部分省略,即 $\sum(tr_n)+\sum(-tr_n)\subseteq\sum(-TR_n)$。通过"碎片化"话语时距,我们可以判断元叙事话语时距有部分省略。这一小类主要出现在"碎片化"叙事视点维度有变化的时候,"碎片化"过程中往往以一笔带过的形式,忽略某一段故事时距。例如元叙事中有很详细的主人公成长历程,但"碎片化"后,这段很长的历程被部分省略,在很短的话语时距内让主人公快速成长。这一类型的特征是从"碎片化"话语时距可以重构出元叙事话语时距,从元叙事话语时距却不能完全解构出"碎片化"话语时距。

(3)不充分省略。这一小类类似于纯假设省略,在时间上无法确定,甚至无处安置,即 $\sum(tr_n)+\sum(-tr_n)\nsubseteq\sum(-TR_n)$。这一小类与充分不必要省略同属于部分省略,但省略部分更大,同时更不明确到底是在"碎片化"叙事的哪一部分进行的省略。同样以元叙事中有一段很详细的主人公成长历程为例,不充分省略很可能直接将故事时距提到主人公成长之后开始叙述,但观众会通过一些提示知道主人公曾经有过这么一段成长历程。

4.扩张关系

在传统叙事里,话语时距长于故事时距即是扩张,例如爱森斯坦的杂耍蒙太奇或者一些升格拍摄的慢镜头,都属于扩张类型。在"碎片化"叙事中,扩张与概要相对应,是两种最常见的类型。我们除了要考虑单一"碎片化"叙事单元里的扩张,还要同时考虑"碎片化"叙事单元之间的扩张关系。

在"碎片化"叙事中,如果我们将一个话语时距 40 分钟的元叙事,解构为四个 15 分钟的"碎片化"叙事,那么这其中就一定存在扩张,每一个"碎片化"叙事单元展示的内容一定比元叙事丰富,即 $tr_1 + tr_2 + tr_3 \cdots\cdots > TR$。

但是,如果我们将 40 分钟的元叙事,解构为 1 个 5 分钟的"碎片化"叙事单元和 3 个 20 分钟的"碎片化"叙事单元,就有可能概要与扩张同时发生。这种类型是最复杂的,如果我们纠缠于某几个叙述片段,就无法厘清"碎片化"叙事单元组和元叙事之间的话语时距关系。面对这样的情况,我们一定要从广义上考虑,如果 $\sum(tr_n) + \sum(-tr_n) > \sum(-TR_n)$ 则是扩张,如果 $\sum(tr_n) + \sum(-tr_n) < \sum(-TR_n)$ 就是概要。也就是说,每一个"碎片化"叙事单元与元叙事之间的关系可能有所不同,但"碎片化"叙事单元组与元叙事之间的关系却必须是确定的。

5.等量关系

在传统叙事里,等量的意思是话语时距等于故事时距。最常见的就是"一镜到底",或者一些长纪录片跟拍中的过程镜头或空镜头,许多涉及对话的场面或无间隙的叙述即是等量。戈德罗与若斯特认为:"一旦孤立地看待电影史上所有影片里的单个镜头,情况都是如此(指等量关系,笔者注)。"[①] 也就是说镜头的讲述时间和故事的发生时间基本相同。在"碎片化"叙事过程里,这种类型类似于概要的第二小类,即"碎片化"话语时距平摊了元叙事话语时距,$tr_1 + tr_2 + tr_3 \cdots = TR$。两者的区分主要以故事时距是否仍在进行作为判断标准。如果故事时距仍在进行,则是概要的第二小类,如果故事时距没有进行,则是场景。这一类型在 PGC 中一般很好判断,但在 UGC 中有时却十分模糊。因为叙事主线的不清晰,我们不能确定一些 UGC 中某个镜头是否具备叙事性,故事时间是否行进也因此不得而知,即 $\sum(tr_n) + \sum(-tr_n) = \sum(-TR_n)$。这种情况类似于麦茨所谓的"自主镜头",我们往往还是将其归类于等量关系这一类。

(二)时序维度

在传统叙事学里,叙事话语的时序研究就是发现和衡量叙述的时间倒错。在"碎片化"叙事里,叙事话语的时序研究不仅指一个"碎片化"叙事单元的内部时序,还指多个"碎片化"叙事单元之间的时序。这就比传统叙事学复杂得多。

我们假设元叙事话语时序为 A—B—C ⋯⋯,其中 A 为整个叙事时序的"零度",在此处默认为故事时间和叙述时间处于重合状态,以此作为参考系。我们默认 A 为事件的起因,B 为事件的经过,C 为事件的结果。其中,每一个话语时序单元又由若干个小的话语时序组成,例如 $A = A_0 + A_1 + A_2 \cdots$ "碎片化"过程中,叙事时序的改变有两类。

第一类,单一"碎片化"叙事单元时序。这一类与传统叙事中时序的改变相同。例如 A—B—C 这一元叙事被解构为了 A、B、C 三个"碎片化"叙事单元。A 叙事单元里,原来元叙事时序是 $A_0 - A_1 - A_2$,"碎片化"后的叙事

① 戈德罗,若斯特.什么是电影叙事学[M].刘云舟,译.北京:商务印书馆,2005:160.

时序变为 $A_0 - A_2 - A_1$，这一类在传统叙事学里有很详细的研究，在此不做过多阐述。

第二类，复式"碎片化"叙事单元组时序。在传统叙事学里，无论叙事时序如何变化，都有一个最基本保障：时序的变化不会引起叙述内容的缺失。但在"碎片化"叙事单元组里，某一"碎片化"叙事单元叙述内容的缺失却可能在下一单元中出现。因此，"碎片化"叙事的时序变化不仅有单一叙事单元中前后关系的重置，也存在平行叙事单元中上下关系的删补。

例如，元叙事的时序为 A—B—C—D，"碎片化"处理后，时序可能变为：

"碎片化"叙事单元 1：$A_0 - B_1 - C_2 - D_3$

"碎片化"叙事单元 2：$A_1 - B_2 - C_3 - D_1$

"碎片化"叙事单元 3：$A_2 - B_3 - C_1 - D_2$

这是最简单的一种情况，因为单一"碎片化"叙事单元和"碎片化"叙事单元组的时序相较于元叙事都没有发生变化，只是做了平行解构。但是，如果"碎片化"叙事单元、"碎片化"叙事单元组和元叙事三者之间的时序并不一致。这时，我们需要将所有的"碎片化"叙事时序放入一个时序矩阵中。因为"碎片化"叙事单元组是一个开放式关联结构，为了保证能重构元叙事，对其中任何一个"碎片化"叙事单元的时序进行调整，都会影响到其他"碎片化"叙事单元时序。所以这种调整不能仅限于单一叙事时序，而是要通过矩阵的方式，从整体上对其进行增减。

例如，我们仍旧采用时序为 A—B—C 的元叙事，"碎片化"处理后，时序可能变为：

"碎片化"叙事单元 1：$A_0 - B_0 - C_0$

"碎片化"叙事单元 2：$B_1 - A_2 - C_2$

"碎片化"叙事单元 3：$C_1 - A_1 - B_2$

我们将所有的时序拿出来,形成一个时序矩阵:

A_0 B_0 C_0

B_1 A_2 C_2

C_1 A_1 B_2

这个矩阵就是"碎片化"叙事组的整体时序。

从横向上看,第一行的"碎片化"叙事时序 $A_0 - B_0 - C_0$ 是"起因—经过—结果",第二行"碎片化"叙事时序 $B_1 - C_2 - A_2$ 是"经过—结果—起因",第三行 $C_1 - A_1 - B_2$ 是"结果—起因—经过"。三者分别是顺叙、倒叙、预叙。

如果我们想改变其中任一"碎片化"叙事单元的时序,例如将第一行改为预叙,变为 $C_0 - A_0 - B_1$,那么不仅会影响到该行横向时序,也势必会影响到第二行的 B_1 位置,影响到第二行时序。为了保障元叙事的完整性,B_0 不能删减,故整个"碎片化"叙事单元组时序矩阵的计算如下:

$$\begin{matrix} A_0 & B_0 & C_0 \\ B_1 & C_2 & A_2 \\ C_1 & A_1 & B_2 \end{matrix} \quad - \quad \begin{matrix} A_0 & B_0 & 0 \\ 0 & 0 & 0 \\ 0 & 0 & 0 \end{matrix} \quad + \quad \begin{matrix} 0 & 0 & B_1 \\ B_0 & 0 & 0 \\ 0 & 0 & 0 \end{matrix} \quad = \quad \begin{matrix} C_0 & A_0 & B_1 \\ B_0 & C_2 & A_2 \\ C_1 & A_1 & B_2 \end{matrix}$$

所以,相较于传统叙事时序的线性调整方式,"碎片化"叙事时序的调整是以矩阵形式出现的。通过矩阵计算,我们可以清晰地看出时序的调整步骤及调整方式,其计算思维和传统叙事学完全不同。

(三)时频维度

在传统叙事学中,时频指的是某一事件在故事中发生的次数与在话语中讲述次数之间的关系。和时距一样,在"碎片化"叙事中,时频的考虑同样不能被局限在单一"碎片化"叙事单元中,应该放入矩阵中研究。

这里,我们把某一事件在元叙事话语时距中出现 1 次称为 1A,出现 n 次称为 nA;在"碎片化"叙事话语时距出现一次称为 1a,出现 n 次称为 na。

那么，我们就可以将"碎片化"时频的关系分为三类：

第一类，"碎片化"叙事发生一次/元叙事发生一次（1a/1A）。这一类只存在于"碎片化"叙事将元叙事话语时距分摊的情况中，这一类"碎片化"是最简单的，元叙事中该事件只发生过一次，而"碎片化"叙事即把 A—B—C 的叙事结构"碎片化"为 A、B、C 三个"碎片化"叙事单元。

第二类，"碎片化"叙事发生 n 次/元叙事发生一次（na/1A）。这种结构常见于将元叙事中的某一事件解构出不同角度，并在每一个"碎片化"叙事单元中分开对其进行阐述，或者出现于还原真相的叙事作品中。

第三类，"碎片化"叙事发生过一次/元叙事发生过 n 次（1a/nA）。在传统叙事中，这种类型"只有在蒙太奇层次上才能真正地建构"[①]，但"碎片化"叙事本身就是一种结构上的"蒙太奇"，这一点在接下来的矩阵计算中可以直观看见。值得注意的是，这一类反复叙事与"时距"部分提到的"概要"有本质的区别。概要必须是因蒙太奇对比多个不同的场面才有意义。所以说，是段落整体的时间价值产生的意义[②]。

这三个分类在时频矩阵中看得比较清楚。例如，元叙事中某一事件发生过 8 次，"碎片化"为三个叙事单元，三个"碎片化"叙事单元中这一事件一共发生过 7 次，分别是 1a、2a、3a……7a。因为一共三个"碎片化"叙事单元，所以矩阵一共三行，即 3 * n 列矩阵。在这里我们姑且将 n 设为 5，即：

$$
\begin{matrix}
1a & 0 & 2a & 3a & 0 \\
0 & 4a & 5a & 0 & 0 \\
6a & 0 & 0 & 0 & 7a
\end{matrix}
$$

元叙事中发生过两次，碎片化叙事中只发生过一次，意味着矩阵中的

① 戈德罗，若斯特.什么是电影叙事学[M].刘云舟，译.北京：商务印书馆，2005：169.
② 戈德罗，若斯特.什么是电影叙事学[M].刘云舟，译.北京：商务印书馆，2005：171.

"0"位即元叙事中的省略位。

回顾本章,我们进行了两次建模。第一次是三维建模,我们将共时性维度下"碎片化"叙事语式的审美距离、叙述距离置于二维空间中的同心圆(审美距离)、非同心圆(叙述距离)、同轴扇形、非同轴扇形(受众视点)下讨论,得出距离维度越大,视点维度越广,"碎片化"叙事与元叙事之间叙事语式的共时性特征越多等结论。第二次建模,我们脱离了传统叙事学对时距、时序、时频的线状思考,将"碎片化"叙事历时性维度下的叙事时间置于面状矩阵中讨论,为网络影像"碎片化"叙事体系建构提供了全新的视野角度。

综上所述,通过共时性维度和历时性维度的分析,我们为建构网络影像"碎片化"叙事体系提供了叙事学上的模型框架,更为之后章节进一步结合网络影像特性进行分析,提供了叙事学上的基础性结构。

第二章
网络影像"碎片化"叙事体系建构基础

　　利奥塔(又译利奥塔尔)在其著作《后现代状态:关于知识的报告》的引言中曾经指出:"简化到极点,我们可以把对元叙事的怀疑看作是'后现代'。"①利奥塔在这里借用元叙事概念,是为了阐述与之相对应的"小叙事"(small narratives)概念。利奥塔认为"元叙事"是一种特定叙事的组织方式,"在它们各自叙事中,所有不同领域的知识都聚拢到一起完成一个在未来解决社会问题的任务"②。所以,元叙事具有强烈的整体性特点。而利奥塔之所以提出"小叙事"的概念,正是因为元叙事的整体性在后现代社会产生了动摇,发生了解构:元叙事指向全体叙事,"小叙事"指向部分叙事;"元叙事"强调叙事的统一性,"小叙事"强调叙事的差异性;"元叙事"强调真理与权威,"小叙事"主张探索与怀疑。可以说,"小叙事"与元叙事的概念几乎完全对立。

　　从时代发展的角度来讲,本书所阐述的"碎片化"叙事仍属于后现代社

---

① 利奥塔尔.后现代状态:关于知识的报告[M].车槿山,译.北京:生活・读书・新知三联书店,1997:2.
② 利奥塔尔.后现代状态:关于知识的报告[M].车槿山,译.北京:生活・读书・新知三联书店,1997:30.

会叙事理论范畴。所以，"碎片化"叙事从本质上延续了"小叙事"理论的诸多原则与特征。但是，当下网络影像特性为"碎片化"叙事带来了许多不同于"小叙事"的新变量，这就为本章所述的网络影像"碎片化"表达系统建构提供了新的研究方向与视野。

第一节　建构原则

网络影像"碎片化"叙事的建构原则主要分为时间性原则、异识性原则和缝合性原则。其中时间性原则主要体现为现在性和事后性，异识性原则主要体现为延异性、揭示性和沉默性。

一、时间性原则

在具体阐述时间性原则之前，我们首先应该对抽象的"时间"概念进行剖析。元叙事线性时间模式是"碎片化"叙事时间"重写"的目标。"碎片化"叙事对元叙事的解构、重构，以及其自身内部结构关系，让"时间"概念在此变得十分特殊。在传统叙事学中，线性时间模式是元叙事自我结构的基础和工具，是元叙事总体化与同一化的主要特征。也就是说，时间将叙事结构变为了一种同质而均匀的顺序流。因此，对"时间"概念的瓦解将是网络影像"碎片化"叙事的重写关键。对元叙事线性时间秩序的终结成为"碎片化"叙事的首要任务。特殊的时间理念在线性时间的重构过程里，成了首要目标。在"碎片化"叙事中，我们需要将时间的概念绝对化、特殊化，用以替代元叙事中或原事件中的时间概念，从而解构原有的线性时间秩序。这种绝对化、特殊化的时间概念，成为"碎片化"叙事的时间性根基。可以说，时间性原则是改写元叙事整体性、同一性最重要的一个指标。只有把握好了时间性原则,网络影像"碎片化"叙事才能从表面的改写进入深层的改造。

值得注意的是,时间与叙述是整个叙事一体两面的根基。"碎片化"叙事者对时间的重写带有重写网络影像本体的性质。时间问题的处置会同时关联到叙述,我们甚至可以通过解构时间秩序从而直接解构网络影像元叙事,并在异质化的时间中为接下来的"碎片化"叙事打下基础。

从本质上看,对时间原点的认知不同,导致了时间属性在"碎片化"叙事与传统叙事中往往处于对立关系。在传统叙事中,未来和以往通常是一体化的,受众总是期待着首尾呼应,相互关照。故事中的人物在预示性命运的安排下,在故事开头就被赋予了一定"使命",这个"使命"在故事的发展过程中不断与新的事件产生纠葛,最终在整个故事结束时被实现和展示。换句话讲,传统叙事的时间认知原点在于过往,即在故事的开端。正如弗朗索瓦所说:"开端到来,但结尾并不会与开始相连接,回归也不是一个复原。时间是处于退隐中的上帝之声(Voice)的神判法(Ordeal)。"[1]在经典叙事中,这种voice是唯一性的,指称与被指称,叙事与内涵之间是变动的,因而在"一千个受众眼中"将会不断解读出"一千个哈姆雷特",时间在这里被不断重复。

相比于元叙事,"碎片化"叙事开放了一种未定性的未来。这种未定性未来并没有被受众占有,而是被保留给了叙事主体。在"碎片化"叙事里,任何一个独立"碎片化"叙事单元都可能成为叙事的真正开端和起点。我们以此作为标准,"历史获得了一个'那时',一个在那之前和一个在那之后"[2],也就是说,"碎片化"叙事把"那之前"和"那之后"同时赋予了未来,也将未来的

① LYOTARD F.The hyphen:between Judaism and Christianity[M].Humanity Books,1999:13-14.
② VAN PEPERSTRATEN F.Displacement or composition? Lyotard and Nancy on the trait d′union between Judaism and Christianity[J].International journal for philosophy of religion,2009,65(1):32-33.

未定性取消了。造成这种情况的根源,即在于历史获得的"那时"——也即叙事的"现在性"。

(一)现在性

在传统叙事学对时间的思考中,"当下"或"现在"这一对相似理念十分特别。在亚里士多德的观点里,"现在"是一个点,这个点不存在时间长度,也即无限延展。它存在的意义只在于界定物体发生运动的那一瞬,也即区别"已发"和"未发"。这个点是有位而无形的一种中间量。

在亚里士多德的经典著作《物理学》里,他以物体的实际运动作为参照,来研究时间。在他的观点里,物体运动的"已发"和"未发"被视为时间的标尺,现在(now)处于"已发"和"未发"的中间位置,将两者关联而又分离。亚里士多德认为,"现在"就是一个参考点,是区别发生和未发生之间的那一个东西。在这种区别下,只要事件早于"现在"发生,就是"未发",就是尚未发生,而事件如果已经晚于"现在"发生了,就是已发。但是"未发"仅仅是不是"现在","已发"也仅仅是不再是现在。亚里士多德对自己的这个观点提出过质疑,因为这种区别让时间有了模糊的属性:区别已经发生和尚未发生的这个"现在"到底一直是同一个当下的"现在",还是不同当下的"现在"?为了回答自己的这个疑问,亚里士多德作出了一个解释,他认为这种"现在"其实是双重性的,一重是存在于传统叙事的时间形态中,另一重是逃离于这种时间形态,漂浮于言者的叙述之中。所以他认为,在第一重中,"现在"对于所有叙述而言是单一的,但在第二重中,则产生了不同。就被叙述主体而言,"现在"是同一的。对于言说(to logo)而言,"现在"并不仅仅代表其本体。利奥塔借鉴了亚里士多德对时间的界定,并将其运用于后现代语境之下。利奥塔把亚里士多德的第一重解释,即确定的那一重"现在"理解为叙事过程中所伴之而来的"现在"。对于任何一个故事,虽然"现在"是区别早晚的中间值,但它不是时间本身,只是作为发生的那一个点而存在。当叙事权力被掌握在另一个叙事者手中,即变成了言说(to logo),即发生了重构。对于叙述主体的"现在","now"被叙事者潜意识地替换成了"the now","now"发生了无法逆转的变化,"现在"变为了一个特殊性的理念,其作用变为了"已发"和"未发"中间的展示与呈现。只有当叙事者将"now"言说为"the now",即将"now"置于"已发""未发"的相对位置时,它才能被对应、被实践。利奥塔认为"亚里士多德将在短语世界中运作的历时算子同短语(或短语——发生)的发生区别开来"[①]。

换而言之,叙事者试图掌控已经发生,或者正在发生的当下是可遇而不可求的。本质上而言,在任何叙事的过程中,"现在"如果作为一个绝对值,那么将没有办法展示其自身。更确切地说,"它是分解意识、解构意识的那种东西,是意识无法意识到的,甚至是意识必须忘记才能构成它自身的东西"[②]。亚里士多德为"当下"这一概念赋予了一定的时间化属性,这种观点往往被后人引证为存在"现在"时间序列。

和亚里士多德不同,奥古斯丁认为,期盼、意识和回忆能拓展人的心智,借助于特定情况下的活动,叙事者能让白驹过隙一般的"现在"停滞或者延长、充实,这种情况下,"现在"从亚里士多德观点里那个转瞬即逝、有位无形的概念中获得了确定的衡量尺度。

在一定时间内存在的事物作为参考的前提下,奥古斯丁借助于人类对时间的自然认知,把存在于万事万物之中的时间属性内化为人眼所见的物体之中。在他眼里,时间并不是一种绝对值,而是一种相对的感知。就像美学之于美一样,时间感是叙事者对时间的一种认知,这种认知即是一种"当

①　LYOTARD F.The differend:phrases in dispute[M].Cambridge:Cambridge University Press,1996:74.
②　LYOTARD F. The inhuman:reflections on time[M].Cambridge:Polity Press,1991:90.

下"或"现在","使被感知之物在其切身的当下中在场"①。在奥古斯丁的观点里,时间只存在于人类的认知与权衡中,这一时间理念只具有"当下"或"现在"的属性,即"过去与未来必然存在","无论它们存在于何处,怎样存在,它们都只能作为现在而存在"②。所以,在这种理解下,"现在"或"当下"一边是时间流动的核心,一边也是"已发"和"未发"的现在进行时态,除开这两种情况,时间并不能单独存在。按此理解,通过期盼和意识、回忆来延展人类认知,叙事者在进行时间的认知化过程的同时,也产生了一个特殊的时间序列形态,引发了一个以认知为核心的运动行为。即"通过注意,未来一路走过,成为过去"③,这类似于奥古斯丁"对时间进程的独特性和不可逆性的承认"④。

海德格尔在《存在与时间》中有过一个对元叙事中存在的线性时间秩序的批判。在海德格尔眼里,把被切除头尾的"当下"理解为时间与存在的观念是流俗的时间观。对于流俗的时间领会来说,时间就显现为一系列始终"现成在手的"、一面逝去一面来临的现在。时间被领会为前后相续,被领会为现在之"流",或"时间长河"⑤。

在海德格尔的观点里,时间被视为一种"当下"或"现在"事件秩序中的单元,却让人们看不清这一事件秩序的全貌。因此,在时间的概念下,"当下"或"现在"的概念不仅把叙事者的话语时距分配给了"已发"和"未发",也让"已发"和"未发"获得了一种在叙事时距中的协调性时间参照。胡塞尔的

---

① 张荣.自由、心灵与时间:奥古斯丁心灵转向问题的文本学研究[M].南京:江苏人民出版社,2010:248.
② 圣奥古斯丁.忏悔录[M].徐蕾,译.北京:中国社会科学出版社,2008:557.
③ 圣奥古斯丁.忏悔录[M].徐蕾,译.北京:中国社会科学出版社,2008:583.
④ HAUSHEER H.St.Augustine's conception of time[J].The philosophical review,1983,46(5):503-512.
⑤ 海德格尔.存在与时间[M].陈嘉映,王庆节,译.北京:生活·读书·新知三联书店,2006:476.

时间性绽出理论,就是借用了这种人类认知来完成其时间建构。人类认知在延展的过程中,自然地构建出了时间的早晚概念,并在这一概念的进程中流淌。因此,元叙事中的"现在性"表面上是以叙事者的"现在"为核心的时间流,但实质上却是一种以受众的"未发"为核心的非"现在"时间流。元叙事本质就是通过这种形而上"现在"的特权,实现了对"未来—过去"话语时距的控制,并依赖这种线性时间秩序进行自我建构。所以时间成了元叙事整体化与同一化建构成功的重要基石,反之也成了其解构"碎片化"的重要因素。

对于"碎片化"叙事,"现在"或"当下"的概念更加接近于胡塞尔所说的"活生生的当下",是一种不二发生的"现在",也是一种有延展性、流淌性的"现在"。对"碎片化"叙事者而言,所叙述故事中的元叙事时间体验和"碎片化"叙事者所处的不同于元叙事的"当下"时间位置,都十分重要。所以,对"碎片化"叙事者来说,时间的现在性存在两重含义,并且这两重含义将同时发生,在以第二重,即"碎片化"叙事者所处时间位置作为参照的时空中,"碎片化"叙事者需要重新构造元叙事中的"现在"。也即"现在"通过人类认知向外辐射,形成一个新的时间场或时间结构。元叙事中的事件是时间场中居于核心地位的本源性素材,以其作为重构时间的参考点,发生一系列不间断的新时间秩序。作为参考点,元叙事是所有其他的东西从中持续生产出来的原源泉[1],"碎片化"叙事作为元叙事流淌出来的异质,每一个滞留自身都是连续的变异,这种变异以映射的形式在自身中承载着过去的遗产,"过去的遗产"就是"同一个起始点的所有以前的不断变异的连续变异"[2]。如果我们将元叙事视为这种"过去的遗产","碎片化"叙事将会给受众带来一系

① 胡塞尔.生活世界现象学[M].倪梁康,张廷国,译.上海:上海译文出版社,2002:89.
② 胡塞尔.生活世界现象学[M].倪梁康,张廷国,译.上海:上海译文出版社,2002:86.

列新的期待,让受众从过去时态重新进入现在进行时态,给受众以全新的视角。"后面接下来的任何经验,都不可能跳出这个视域","即便是出乎意料的东西,也只能作为出乎意料的东西被把握"[1],在这一理解下,"碎片化"叙事者的二度创作中兼具了"已发"与"未发"的时态。这种兼具的"已发"和"未发"既不是过去,也不是未来,既不是现在存在,也不是过去存在,而是彻底不同于元叙事源泉所产生的不间断和连续,有了此时此刻的过去、未来和现在,为"碎片化"叙事时间建构提供了可能性。

反之,"碎片化"叙事中的"现在"如果脱离于"碎片化"叙事者所在的"当下",即失去了元叙事与"碎片化"叙事之间的相关性,那么"碎片化"叙事者所叙述的一定非胡塞尔所谓的"现在"。正如利奥塔所言,"脱离了运动并因此忽略变形和历时性"[2],造成了一个真正的时间性眩晕,因为它不出现于它自己的位置——一切都安排就绪要迎接它的那个地方[3]。在人类感知性的时间描述里,"碎片化"叙事所能承载的唯一时间,只能是"碎片化"叙事者所处的"绝对现在"。

所以,"碎片化"叙事的时间概念,最重要的是厘清"碎片化"前的元叙事时间和"碎片化"后的"碎片化"叙事时间,并为两者建立联系,让前者的时间自然过渡到后者。胡塞尔对此曾有过探讨,他认为,叙事的绝对主体性来源于重构之后的时间性,换而言之,没有"现在"也就没有"碎片化"叙事的主体性。可以这么认为,这种主体性是破解时间演变的关键,也就是说,如果"碎片化"叙事不存在其主体的绝对性,自然也就不存在时间性。"碎片化"叙事者首先要做的,就是在不同的时间与认知之间建立起一种结构,从认知出发,以元叙事的时间作为参考,产生"碎片化"叙事的绝对主体。时间和"碎

---

① 黑尔德.时间现象学的基本概念[M].靳希平,等译.上海:上海译文出版社,2009:55.

② LYOTARD F.Lecture d'enfance[M].Paris:Galiee,1991:136.

③ LYOTARD F.Lecture d'enfance[M].Paris:Galiee,1991:135-136.

片化"叙事者的认知重构出了一个完整的叙事。这种辐射性结构并不仅仅是元叙事本源到"碎片化"叙事演变或"未发"到"已发"之间的流淌性结构，更是"碎片化"叙事各单元连贯性的表征。换而言之，这就是"碎片化"所能带给受众的一种叙事体验。从表面上看，时间被空间化了：绽出性的时间恰恰组成了新的"碎片化"叙事空间结构。

对于"碎片化"叙事，叙事的开头或出处往往意味着过去，但这种过去是一种无开头的开头，或是一种不能被精确定位的出处。实际上，"碎片化"叙事是对元叙事的能规划、能开发的改写。对这种无法被精确定位的出处，这种改写消除了对元叙事既定时间线开头的定位，形成了新序列中各"碎片化"叙事单元之间的完全间离。这个间离概念，产生了"碎片化"叙事重新认知的萌芽，但也意味着这种间离存在着不可避免的辩证性冲突。从正面来看，开头作为"碎片化"叙事最初的差异而发生，没有它一切都不可能发生。从反面来看，开头其实严格意义上不是元叙事中的任何一部分，它总是在那儿又从不在那儿[①]，"碎片化"叙事中的开头只能根据元叙事"本质"（quod）而非"碎片化"叙事"实存"（quid）来对其进行定义。

值得注意的是，在替换了元叙事"现在"概念的同时，依赖于时间绽出性或流淌性结构进行叙事的认知主体也就不复存在。在"碎片化"叙事里，"现在"成了一个叙事者无法控制的概念。这个概念虽来源于叙事者的认知，但却要求在重构过程中，叙事者的认知里必须将其忘却。利奥塔对此有过探讨，他认为，叙事的开始，代表着叙事者本身的意志已经不复存在，开始的出现，就意味着叙事者本体与其本体自身的间离。在利奥塔的观点里，元叙事的时间秩序所产生的故事，是没有通过间离的方式来理解"未发""已发"，所以在"碎片化"叙事中，一定要以自我审视的眼光来重审"现在"的时间立场，

---

① LYOTARD F. The inhuman:reflections on time[M].Cambridge:Polity Press,1991:82.

使得一个"解读和书写的主体的自我——在场未经审问"①。所以,我们必须同时考虑叙事的"事后性"。

(二)事后性

如前所述,在元叙事的时间结构中,"现在"(the now)这一原本可控的时间点丧失了分配、解构并重构时间的权限。而绝对"现在"又造成了"碎片化"叙事者的"先知者"(pro-)身份。正是因为"碎片化"叙事者不自觉地试图用"先知"的身份对"现在"身份进行抹杀,所以往往其对"现在"的掌控不能恰如其分,这就如利奥塔所言,把握和潜移默化是对于"现在"作为故事本身"真实"意图的抹杀。②

在《海德格尔与犹太世界阴谋的神话》一书里,特拉夫尼曾说过,在弗洛伊德的理解中,"现在"作为"总是存在又不存在"的一瞬,往往以"逝去"的形态出现。在实际叙事中,这种"逝去"形态只能以冲突的形式出现,换而言之,这种"逝去"形态没有历史,但总存在于历史之中。对于"碎片化"叙事,这种历史组成了一种难以描述的二律背反,是一种潜意识之中的时间矛盾。弗洛伊德在其事后性观点中对此进行了阐述,他认为,"(过去)甚至不是作为一种'空白'、不在场而在那儿,但它又在那儿"③。

"事后性"的概念对"碎片化"叙事十分重要。这一概念包含的时间构型引入了彻底的不连续性而超出了元叙事所带来的滞留与前摄、表象与想象的概念。

元叙事的连续时间流淌被打断,意味着这一源流从中间某一处被一个间隔的方式从历史而来的时间隔断,而"碎片化"叙事者并没有在"现在"对

---

① MCCANCE D.Posts:re addressing the ethical[M].Albany,NY:State University of New York Press,1996:45.

② LYOTARD F. The inhuman:reflections on time[M].Cambridge:Polity Press,1991:25.

③ LYOTARD F.Heidegger and "the jews"[M]. Minneapolis:University of Minesota Press,1990:11.

这段历史产生追忆性或回忆性关联。对于事后性,弗洛伊德这么认为:"最初,'现在'所赋予的时间性的表征为其原始的经验没有在其产生时被完全领会,但是在事件成为历史之后,这种原始经验在重现中被初次完全领会。可是,因为是重现中的体验,随之而来的是其第一次发生时肩负的感情重担,却被认为是对以后的时间和意识重构它的能力的崩塌而表现,所以这并非简单的最初'记忆'"。[①]

"碎片化"叙事的"事后性"包含了两层意义:第一层,是一种本质上不对称的双重叙事。第二层,是和叙事主旨无涉的时间性。

第一层,不对称双重叙事。这一重叙事作为"碎片化"叙事者所解构的元叙事叙述语境,虽然进行了解构,但这一叙述语境并不在"碎片化"叙事者的掌控范围之内。"碎片化"叙事者试图直接借用元叙事的这一重语境,创造出极好的叙事效果,但被受众所忽视。某一元叙事中的叙述在叙事者眼中极富情感,但实际上不能在解构后给受众带来同等效果的震撼。这种可能出现的叙事效果虽然存在,但"碎片化"叙事者往往注意不到。弗洛伊德将这种效果称为情感的无意识化,即"一种毫不触动感知的情感"[②]。描述这一效果所用的时间即无意识情感时间。这一重叙事类似一团不受规则束缚的情感云,这一云团没有被叙事者成功解构而进入叙事的建构过程。对叙事者,形态和变化的匮乏是无意识情感的本质,这团情感云虽然像空气一样朝向着四方无规律地散开,形成了一种不可言说、不可替代、不可演化的能力。但正是因为这种能力已经成了一种定式,所以常常被受众所忽视。

从某种意义上讲,第一重"解构"叙事没有触动受众,是一个无触动的叙事。而第二重"重构"叙事是元叙事叙述语境的蜕变,这种触动表面上没有

① BENNINGTON G.Late lyotard[M].Cambridge:Polity Press,2001:91.
② LYOTARD F.Heidegger and "the jews"[M].Minneapolis:University of Minesota Press,1990:12.

任何具体事件作为推动叙事前进的动力,是一种无叙事推动的触动,好似触动突然而来,但无人知晓其产生的原因。这一重叙事以及伴随其而来的情感效果,体现了"碎片化"叙事者对叙事的自身理解。如前"现在性"一样,这一重叙事更像是引用而不是直陈。利奥塔有一句话能很准确地描述出"碎片化"叙事的这一本质:"存在早于有何存在。"①

第二层,与叙事主题无关的时间性。根据第一层我们可以得出一个观点:事后性存在于无法被"碎片化"叙事"主题化"的时间内。在叙事者"主题化"的时间内,受众没能在不对称叙事的第一重叙事进行时,对其充分领会和了解,没能将其纳入自己的认知范围。所以,这一重叙事只能以受众难以发现的形态"存在",不能在受众的记忆中被解构或重述,只能在第二重叙事发生时被一同整合。

但是,第一重叙事是一种不存在或者缺乏,是"碎片化"叙事者自身意识所生出的"现在"化第二身份,仍是第二重叙事所产生的"触动"的关联项,而不仅是作为一种表面特征存在,在叙事秩序中不是再次出现的重复叙事。

所以,在"碎片化"叙事中,历时性时间维度很难恢复第一重叙事中延后性所产生的时间乱序,即非时间性。在延后性的情况下,"碎片化"叙事变为了不可规划和不可控制的,其整体的开始、发生、完结变为不可能。这就如利奥塔所说的,认知、本体未能完成其所应尽的职责。当元叙事没有彻底解构时,"元"虽然真实存在,但"碎片化"叙事却难以拥有"元"的话语权。

综上所述,"碎片化"叙事要间离元叙事中的时间性,将异质性带入整个叙事,就需要借助于"碎片化"叙事本体与时间的"现在性"这两个基础,而这两个根基其实只是一枚硬币的两面。因此,对时间性的探索,最终挖掘出了叙事者这一主体在话语时距源头的自身触发、自我给予机制。一切叙事对

---

① LYOTARD F.Heidegger and "the jews"[M].Minneapolis:University of Minesota Press,1990:16.

象在"碎片化"的绽出性时间结构中被重新解构:从"碎片化"叙事发生开始,借助于绝对的"现在性"以及被其从接续链条上解开的"事前性","碎片化"叙事者实施了对"时间性"的重构。可以看出,"碎片化"叙事结构的重构过程总是和时间概念的置换相互联系,而对时间概念的置换,又会反过头来,影响"碎片化"叙事整体结构的重塑。可以说,所有"碎片化"叙事皆是以此来终结元叙事线性时间序列的。

在对时间本源的发掘中,我们找到了作为绝对时间的"现在性"和相对时间的"事前性"。这两者不仅是"碎片化"叙事的时间性根基,也是建构"碎片化"叙事第二原则"异识性"的逻辑起点。

二、异识性原则

在第一条时间性原则中,我们已经建立起了"碎片化"叙事时间的"现在性"和"事后性"。因此,"碎片化"叙事中的"统一、差异""共相、异相""他者、主体"等对立概念便能一一得以进一步讨论,也就有了探讨"碎片化"叙事异识性原则的可能。

"异识"一词来源于利奥塔,英文为"differend",其直译的意思是"冲突"或"矛盾""争辩"。在此处译成"异识",是因为这种翻译与哈贝马斯的"共识"正好对应,很好地表达了其"对同一事物理解、见识不同"的含义。利奥塔提出"异识"的初衷,是为了建立后现代科学知识合法化体系。对于叙事体系,"异识"的引入意味着元叙事与"碎片化"叙事,甚至"碎片化"叙事单元之间均不存在某一唯一鉴定标准,即"异识"在这里主要是指"碎片化"叙事语位体系的不可通约性。语位一般有四个基本部分,从其发生顺序而言,即言者、指称、含义、受众。"碎片化"叙事语位体系的变更,也就是元叙事的某一事件从某一特指含义的"存在",逐步演变为更多元化的"存在"。元叙事语位中,四个基本组成部分被放置于"碎片化"叙事的特定情境中,逐步确定出互不相干、自我独立、不可通约的内容或含义,完成整个"碎片化"过程。

通常来讲,没有一个可以适应所有"碎片化"叙事重构的结构思维,不同"碎片化"叙事语位体系都有其自生自成的叙事原则。但其实元叙事所形成的宏大叙事总是潜移默化地同化不同"碎片化"叙事单元,试图建构出可以适应所有"碎片化"叙事语位体系的叙事手法。在这个过程里,"碎片化"的自身实现过程反而被放到了次要位置。所以,"碎片化"语位体系的不可通约性保障了"碎片化"叙事语言的多样性和异质性。不可通约性是一种反本质主义和反基础主义的性质,即在异质的风格之间不存在普遍的判断标准。[①] 每一个"碎片化"叙事都有一个独特的本质。

通过文本分析,我们可以更直观地看清不可通约性的重要性。借鉴于巴门尼德在《论自然》中所说过的,"意志和在场是同一件事情","我(女神,笔者注)要你知道,烦汝领会并铭记在心"[②]。在巴门尼德的观点里,说、想、在场是相同的事情,说、想、在场本身是能够被思索、被讨论的。

但是,女神授予巴氏的远多于巴氏自己发现的这个道理,也就是说,巴氏说出了女神之言,女神之言被巴氏领会、铭记,并且用自己的理解完成了再现。女神告诉了他万事万物的真相:只有在场的东西,才能被思辨。

如果我们把女神的真相视为一个元叙事,代表一个叙事秩序,巴氏的再现作为一种"碎片化"叙事,这种"碎片化"叙事不仅作为元叙事叙事秩序的一部分,在指称元叙事叙事秩序的同时,又作为元叙事叙事秩序的同类对其进行融汇,这就意味着"碎片化"叙事如果存在,一定兼具他者和自我的思维。这是一种自我证明的叙事,是一种不涉旁题的叙事。"碎片化"叙事的

---

① LYOTARD F. The differend:phrases in dispute[M]. Minneapolis:University of Minesota Press,1983:10.

② 苗力田.古希腊哲学[M].北京:中国人民大学出版社,1989:91-92.

这种自主性，为巴氏与女神提供了话语距离，保证了巴氏所言并不是无用的。

利奥塔用 If 做逻辑，将这一般性话语模式归纳为 If P, the Q，这种逻辑其实是由柏拉图而来，归纳起来即用思想引导实践。这个公式的原意是从理论性话语推导出指令性话语，即女神的元叙事作为一种认知，推导出了巴门尼德一系列"碎片化"重构实践。而利奥塔在此之上提出了"灵性短语"的概念，展现了一种话语、阐述的新理念。这种新理念，打破了原本"认知—实践"的模式，变为了"认知—阐释—实践"，阐释这一环节成了重点。"灵性短语"的概念虽然普遍运用于诗学领域，但因为"碎片化"叙事恰恰也符合"认知—阐释—实践"这一模型，因此其给予我们的启示也成了"碎片化"叙事不可通约性的基础。结合"碎片化"叙事特征，我们可以为不可通约性提炼出三个重要特征。

（一）延异性

这一特征是指所有"碎片化"叙事的言者其本质上仍是元叙事这一最初言者的延伸，但这一延伸并不代表元叙事言者是"碎片化"叙事言者的合集。德里达对"延异"是这样认为的："万物并无初态。如果非要假设初态的在场，那这个初态不是万物的客观表征，也不是主体的意识形态，只能是不停'延异'的表征进行过程。"[①]因为"碎片化"叙事的融汇能力，永远不能够实现对元叙事的完全再现，所以对元叙事的整体把握并不圆满，"碎片化"叙事语位的综合不能自始至终包含元叙事言者的语位，所以"碎片化"叙事言者体系永远是未完成的。

正如德斯孔布（Vincent Descombes）所言，"我们必须说明的是，第一永远是伴随第二出线的。假如第二不存在，同样不存在第一。所以，第二不是

---

① DERRIDA J. L'ecriture et la différence[M].Cambridge:Polity Press,1967:302-303.

一个姗姗来迟者,不是一个依照时间顺序在第一之后者,而是第一之所以成为第一所不可或缺的基础。如果没有对比,单凭第一本身,不借助任何外力,第一将难以实至名归。在第二延异性的辅助下,第一才能最终实现正名。"[①]第 n 个句子或许可以综合前面 n-1 个句子,但是它无法囊括自身,而其意义和性质永远依赖于第 n+1 个句子的解释。即"碎片化"叙事的言者语位永远类似于普塔哥拉斯的"n=n+1"。

这种"延异性"打掉了元叙事言者貌似不可侵犯的整体神圣性。事件、描述、话语、人物,这些在元叙事中存在"第一"概念的事物,全部消失在"碎片化"叙事的重构中。无论哪一个事物自称自己在元叙事中"第一",都有可能因为"碎片化"语位连接的重构,完成对语用事件秩序的颠覆。脱离元叙事,所谓的"第一"将失去其倚靠的权威,只能在"碎片化"的重构中,在"碎片化"叙事者的重塑中,重新获得其合法有效的地位。

(二)揭示性

"碎片化"与其说是一种重构过程,不如说是一种揭示过程。这种揭示的过程,其实就是利用重构的方式把元叙事中的事件重新揭示,从而让受众从中领悟到不同的思想。如果我们把元叙事类比于 muthos,即一种"通过言词传达出的任何东西",那么"碎片化"的过程就是这一 muthos 含义的揭示、敞开、给予。这一揭示过程可以借鉴于利奥塔经常使用的"ruin"。"ruin"直译为不能再生的毁灭,被毁灭之物丧失其自身辨识特征,即使仍然能苟且存活,也被剥夺了原有的特质。"碎片化"叙事对元叙事的重构是一种双向"ruin",类似于"不破不立",兼具破坏与修复的特征。即被揭示之后的元叙事仍然具备其原先特征,但增补了大量其他属性,这就意味着元叙事不再立于其原本的本质之中。这让揭示的过程变为了一种论证,"使得言说

---

① DESCOMBES V. Modern French philosophy[M].Cambridge:Cambridge University Press,1980:145.

本身落于自身的本质之外"①。

更准确地讲,这种揭示性的论证过程更像是一种创造,让"碎片化"叙事不再是元叙事的一种展示,而是一种证明,是"碎片化"叙事者重新创造的一种"生效的话语"(产生真实的"碎片化"叙事)而非"忠实的话语"(真实地报告元叙事)。元叙事从被言说,变为了被证明。元叙事与"碎片化"叙事之间的关系从"言说—展示"变为了"言说—论证"。"碎片化"叙事不再是元叙事的自行敞开,它依赖于"碎片化"叙事者的阐释和辩证。这种阐释和辩证并非"程式",而是一种"演出",其不可通约性即其表演维度的独特性。

(三)沉默性

听者"沉默性"特征是指叙事者对接受者产生的影响。在语位体系里,听者有两重含义,"碎片化"叙事相对于元叙事为第一重听者,最终受众相对于"碎片化"叙事为第二重听者。两重听者都需要符合"沉默性"特征。

作为一种论证性揭示过程,"碎片化"叙事所引发的反应,不是要强求受众回答:我同意或我不同意,而应该是受众的沉默,即一种"沉默的情感"②的准短语。这种沉默意味着受众在观赏的过程中,迷失了自身的存在,转而投向叙事者的怀抱,与其心心相印,在出现令人目眩的沉浸的同时,与叙事者产生了共鸣。在"碎片化"叙事论证性、揭示性的叙事里,受众如同巴门尼德一样,因为谛听,成了叙事者的崇拜者。因此它意味着受众对所叙述事件的无条件接受和肯定。

值得注意的是,"碎片化"叙事的语位"只是排除了众多最原始语位的表

① CROME K.Lyotard and Greek thought:sophistry[M].Basingstoke,Hampshire:Palgrave Macmillan Press,2004:133.
② CROME K.Lyotard and Greek thought:sophistry[M].Basingstoke,Hampshire:Palgrave Macmillan Press,2004:133.

面现象所衍生而来的可能性,让原始语位在特定的语境之中得以显现"[1]。即把元叙事语位中所出现的特征约束在了特定的环境之中,把最原始的元叙事语位所意指的诸多可能性真实地转化为"碎片化"叙事。换而言之,"碎片化"叙事语位虽然一直在试图解释元叙事语位,但它永远无法获得元叙事语位的全部意义。在这里,特定环境不能复原为表面特征,所以尽管一些"碎片化"叙事已经完成了解构的过程,但其中仍有不可避免的沉默性,存在着无法用言语解释的矛盾。在未实现的多种可能的"碎片化"叙事之间,也存在着这样的沉默和矛盾。

三、缝合性原则

作为本书建构"碎片化"叙事体系最重要的原则,"缝合性"原则的提出在"碎片化"叙事体系解构—重构过程中发挥了关键性作用。

后现代主义主要研究对象是"小叙事"的合法性,但在互联网时代,由于科技的进步,外部环境的已然让"小叙事"的合法性成为无须论证的自然。"碎片化"概念的出现,反而让元叙事的合法性受到了严重质疑。如何让众多"碎片化"叙事单元组重构为一个完整的元叙事,成了比如何让元叙事解构为"碎片化"叙事更难的问题。观众对单一"碎片化"叙事的满意并不能保证其同时对"碎片化"叙事单元组满意。也就是说,"碎片化"叙事与元叙事之间的解构、重构不仅需要存在充分性,更需要存在必要性。但是,在研究重构必要性时,研究者通常将注意力着眼于"碎片化"叙事本体,但往往因为"碎片化"叙事本体变量过多,很难找到定量/定性研究基准,最后只能就事论事地进行个案分析。如果要满足这种必要性,我们就需要在研究过程中找到不同"碎片化"叙事之间共有的研究基础。所以,在此我们引入"缝合

---

[1] WILLIAMS J. Lyotard:towards a postmodern philosophy[M].Cambridge:Polity Press,1988:77-78.

性"原则。

"缝合"本来是医学上的术语,法国学者让·皮埃尔在其论文中第一次将"缝合"概念引入电影艺术。继之美国电影理论家丹尼尔·达扬对"缝合"理论有过详细论述。他认为,观赏者虽然处于作品框架之外,但是在创作的过程中,同样需要将其纳入创作考虑范围,成为被关注和研究的对象,福柯将这一理论称为"素描重现了人物,镜子投影出受众"①。通过借鉴油画艺术,欧达尔进一步阐述,"油画的本体不能简单视为那一些可见的绘画,油画越过了画布的边界"②。换句话说,尽管受众的主体位置是由创作者、作品规定的,引导受众占据主体位置的能指也是不可见的,但受众始终占据着作品欣赏的主体位置,"因为主体在场的意指是自我存在的自证,所以如果主体在场在自我观念里不复存在,那么受众所视将是主体在场的所指,也就是受众本身"③。于是,"受众"这一元素成了"碎片化"叙事缝合过程中的定量研究基础。

进一步,为了让整个叙事结构中诸多浮于表面、飘逸不定的所指、意指融汇在一起,结构主义精神分析学开山鼻祖雅克·拉康利用"缝合点"的理论,为所指—意指这一链接提供连接点。对于"碎片化"叙事,"缝合点"即同一叙述内容在不同"碎片化"叙事单元中的显现,且"缝合点"的叙述内容必须处于其中一个叙事的叙事边界上。

在传统电影中,受众虽然不在现场,但为了能实现始终注视的功能,叙事者一般采用镜头的缝合系统,即一个正向画面和一个反向画面。在与正向画面相互对应的反向画面里,受众的不在场身份因为其所处空间被反向画面中的某一事物所占据而隐匿,反向画面代表着对应的目光的虚构所有

---

① 麦茨,等.电影与方法:符号学文选[M].李幼蒸,译.北京:生活·读书·新知三联书店,2002:234-235.
② 麦茨,等.电影与方法:符号学文选[M].李幼蒸,译.北京:生活·读书·新知三联书店,2002:235.
③ 麦茨,等.电影与方法:符号学文选[M].李幼蒸,译.北京:生活·读书·新知三联书店,2002:237.

者。对于"碎片化"叙事,这种"正向画面—反向画面"的关系衍变为了"叙事—补充叙事"或"情境—强化情境"。同一个"缝合点"在两个"碎片化"叙事单元中同时出现,意味着在第一个"碎片化"叙事单元中出现的"缝合点"被第二个"碎片化"叙事单元再次吸收或增补。"缝合点"在第二单元中的出现,须与其在第一单元中的叙事手法不同,以强化或补充"缝合点"在第一单元中叙事的方式,"缝合"受众在"碎片化"单元组之间想象关系的"裂隙",增强叙事的情境。当整体叙事从第一单元进入第二单元时,这一"缝合点"所承载的情境在受众潜意识里被强化。这种强化被整体连贯的叙事内容所掩盖,让"碎片化"叙事的意识形态得以确立,而受众却很难察觉。

所以,"缝合点"的概念在"碎片化"叙事中尤为重要。因为在多个"碎片化"叙事单元重新整合为一个完整元叙事的过程中,"碎片化"叙事单元之间必然存在相交、不相交关系,也因此存在多个、一个、零个缝合点三种可能。对于前两者而言,缝合点彼此产生交集,即在"碎片化"叙事单元 A 中的缝合点同时出现在"碎片化"叙事单元 B 中,反之亦然。对于第三者而言,"碎片化"叙事单元之间不相交,"缝合点"由显性变为隐性。但无论哪种情况,"缝合点"都成了"碎片化"叙事重构的定性研究基础。

综合欧达尔和拉康对"缝合"的定义,我们将"受众"与"缝合点"作为基准,建立一套缝合模型。我们将不同的"碎片化"叙事单元命名为 A、B……将 A 在 B 上产生的缝合点命名为 a_1、a_2、a_3……将 B 在 C 上产生的缝合点命名为 b_1、b_2、b_3……将不同的受众命名为 Ⅰ、Ⅱ……此时将出现三种子模型。

第一,A 与 B 部分重叠,如图 2.1 所示。这种情况在"碎片化"叙事重构过程中占绝大多数。重叠的部分保证了"碎片化"叙事单元组情境链接的流畅性,也保证了受众欣赏的连贯性。对于这种情况,"缝合点"的数量和位置成了"缝合"关键。A 与 B 相交的面积只是两者的虚假交集,其真实交集其实是由"缝合点"a_1、a_2……b_1、b_2……所能组成的面积与形状构成。"缝合点"所组成的面积越大,组成的形状越趋近于弧形,两者之间的缝合度就越高。在"缝合点"位置不变的情况下,减少"缝合点"数量,将有可能导致 A 与 B 实际相交面积的凝缩;在"缝合点"数量不变的情况下,改变"缝合点"位置,将有可能导致 A 与 B 实际相交面积的移置。这种凝缩与移置,类似于语言结构中的隐喻和换喻,两者都将导致叙事的能指和所指的漂浮,在 A 与 B 之间形成无法界定的情境能指链。

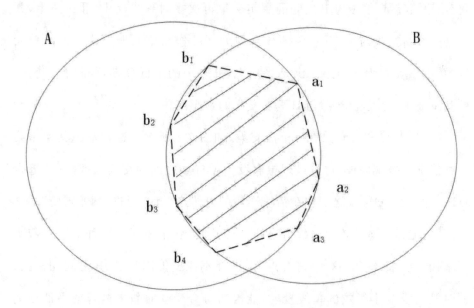

图 2.1 "碎片化"叙事单元 A 与 B 部分重合

例如《哥谭镇》(*Gotham*)第四季最后一集《无人之境》,描述了一场声势浩大的混乱场景,所有影片中的角色在这一集里突然陷入了一种混杂,但如果联系其第五季第一集就会发现,这一切的混杂虽然在第四季里看起来令人费解,但实际上却都是第五季的铺垫——整个哥谭镇变成了一个完全无序的战区。无论是赛琳娜流血倒地,生死未卜;还是杰罗麦虽被关押于监狱,但仍在哥谭埋下炸弹;或是企鹅趁塔沙比不注意,枪杀了布奇,其实都是第四季和第五季的缝合点叙事。第四季结尾这种缝合点的大量出现,导致了第五季从第一集一直到第六集,都在对此进行一一对应式缝合。但其实这种缝合点越多,缝合的强度越大,叙事的黏滞性就会越强,越有利于加深受众对不同"碎片化"叙事单元的理解。

以此而言,似乎增加 A 与 B 之间真实交集的面积,将更有利于"碎片化"叙事情境的整体缝合。但是,A 与 B 之间的真实交集主要作为过渡功能存在,如果对其过度放大,将严重影响 A 与 B 各自叙事的异识性。因此,"碎片化"叙事者需要将 A 与 B 之间的真实交集再次投射到受众 Ⅰ、Ⅱ……上,并将这一真实交集与 Ⅰ、Ⅱ……的缝合视为新的作品单元群。这些作品单元群中,叙事者的所指如果能满足受众 Ⅰ、Ⅱ……的最低预期,则符合"缝合"的基本要求,也就符合 A 与 B 真实交集的最小面积。

第二,A 与 B 之间只有一个点交集,如图 2.2 所示。这种情况其实是第一种情况的极端假设,也是最理想假设。A 与 B 之间的交集点即唯一"缝合点"。这代表 A 与 B 之间存在情境链接的自然连贯性,通过"画龙点睛"的这一点,就能通过意境连接,"缝合"两个"碎片化"叙事单元。这种情况对叙事者掌控性要求极高。这一"缝合点"的选择不仅要能满足 A、B 之间的衔接,同时其与受众 Ⅰ 组成的单线投射,能恰巧符合受众对叙事内容的最低预期和对叙事意境的最高预期。例如《复仇者联盟 1》开头和结尾部分出现的灭霸,对地球邪恶地窥视,其实一直到《复仇者联盟 2》都没有对灭霸进行介绍。但是在《复仇者联盟 3》中,灭霸却作为反派主角在一开头就直接登场。如果将《复仇者联盟 1》的开头和结尾视为"碎片化"叙事单元 A,《复仇者联盟 3》灭霸出现的部分视为"碎片化"叙事单元 B,就可以发现这两者之间只存在一个交集,即灭霸是否掌握了"宇宙魔方"("空间宝石")的控制权。甚至可以说,《复仇者联盟 2》中很多部分都成了这一"缝合点"的铺垫。

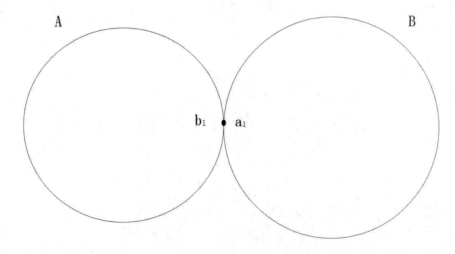

图 2.2 "碎片化"叙事单元 A 与 B 只有单一交集

但是,需要注意的是,这种情况只限于"碎片化"叙事单元的重构过程,如果元叙事直接按这种方式解构,将会出现拦腰斩断式的故事剧情。

第三,A 与 B 之间无交集,如图 2.3 所示。A 与 B 之间没有交集,意味着"碎片化"叙事者在 A、B 之间刻意"留白",两者之间的语位链接被切断,受众需要接受叙事"缺失"的概念。整个叙事"缝合"的次序,从原先 A、B 之间形成交集,进行"缝合",再投影于 Ⅰ、Ⅱ……,和受众进行二度"缝合",反过头来变为 Ⅰ、Ⅱ……自身的认知先对叙事者的"留白"进行填补,再将这个填补了的"留白"与 A、B 进行"缝合"。在《反对"缝合式体系"》一文中,威廉·罗思曼(William Rothman)对这种情况作出了描述。虽然其文所指的是传统电影中的蒙太奇理论,但同样对"碎片化"叙事有很重要的借鉴意义。罗思曼认为,缝合关系存在于三者之间,即在 A 与 B 之间存在一个展示性"缝合点"叙事 C。在"碎片化"叙事单元 A、B 的指引下,受众感受到了"缝合点"叙事 C 中留白的意境,这种意境并非凭空而起的,还无根据地滥用抒情。在这里,"缝合点"叙事 C 往往被视为一种接引叙事,用以接引 A、B 之间的空缺。

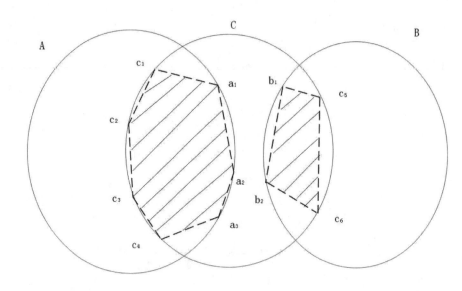

图 2.3 无交集的"碎片化"叙事单元 A、B 和缝合叙事单元 C

例如,在美剧《高堡奇人》(*The Man In The High Castle*)中,我们如果将真实历史部分的故事视为"碎片化"叙事单元 A,将与之平行的虚构历史部分,也即片中主角所存在的现实世界中的故事视为"碎片化"叙事单元 B,那么围绕在现实世界中记录了真实历史的录影带"沉重的蚂蚁"所发生的一系列故事,就成了"缝合点"叙事 C。从这里可以看出,这一"缝合点"叙事的出现不仅大大增强了故事的戏剧性,提升了故事的悬疑效果,也为整个叙事披上了一层神秘意境的面纱:到底是谁,又为了什么留下了这一套录影带?如果没有这一"缝合点"叙事,整个影片的意境深度、思考空间将大大降低。

所以,在叙事情境的视域下,"碎片化"叙事的缝合性原则还有更深一层的意思:"碎片化"叙事者将完整叙述分解为诸多情境,借用"碎片化"之间的"缝合点",通过叙事组织使创作者主观意志编织于其中。"碎片化"叙事单元 A 被赋予了某一情境,这一情境如果不被受众同化,就代表着 A 中的情境指向了"碎片化"叙事单元 B 中的情境。"碎片化"叙事单元 A 中的叙事不再仅仅是故事情节,而成为所指是"碎片化"叙事单元 B 情境的能指。就是说,"碎片化"叙事单元 A 这个能指的所指是其指向的"碎片化"叙事单元 B。因此在缝合性原则中"某一再现性陈述的第二部分就不只是继第一部分之后而出现的东西,而是被第一部分所意指的东西"[①]。同时,当"碎片化"叙事单元 A 的叙事结束后,"碎片化"叙事单元 B 的情境这个能指指向的又是"碎片化"叙事单元 A 的叙事,A 与 B 意境互补,因此"不在者使某一陈述的不同部分互为对方的能指"[②]。所以,在缝合性原则中,我们能很清晰地看清"碎片化"叙事的解构和重构:"碎片化"叙事的解构属于能指水平,是预期性的;而"碎片化"叙事的重构属于所指水平,是回溯性的。

"碎片化"叙事的意识形态效果通过缝合性原则得以实现。通过缝合性原则,"碎片化"叙事者打破了元叙事的整体稳定状态,将原本完整的叙事情境逐一打破,所以,每一个"碎片化"叙事单元的情境、事件都决定于下一个"碎片化"叙事单元。如同我们在异识性里所描述的那样,单一的"碎片化"叙事单元永远无法构建出完整的元叙事语位。整个"碎片化"叙事的结构是由"碎片化"叙事单元组缝合得来,所以"缝合点"所形成的一系列关联链接就成了整个"碎片化"叙事的重中之重。在这种情况下,进一步得出"碎片化"叙事的建构路径。

第二节　建构路径

通过对缝合性原则的分析,我们可以得出,"碎片化"叙事的建构路径,与不同情境和缝合点所构成的能指链息息相关。换句话讲,"碎片化"叙事

① 麦茨,等.电影与方法:符号学文选[M].李幼蒸,译.北京:生活·读书·新知三联书店,2002:242.
② 麦茨,等.电影与方法:符号学文选[M].李幼蒸,译.北京:生活·读书·新知三联书店,2002:243.

的建构路径其重点并不在每一个叙事单元本身,而在于不同叙事单元之间的关系,也即如何建构每一个叙事单元之间的"缝合点"叙事。

如前所述,"缝合点"除了见证不同"碎片化"叙事单元之间的不可通约性,还要创造新的链接方式。利奥塔在《后现代知识》中说:"链接是必然的,如何链接则不是必然的。"[①]康德在第三批判中曾经指出,这样的链接法则是没有办法完全预先设置的,利奥塔延续了这一准则,但是,这并不妨碍我们从整体上为"缝合点"叙事设置建构路径。缝合性原则中,我们详细阐述了"缝合点"叙事建立的关键在于如何能够锁定不同情境之间的所指,这是确立"缝合点"存在的核心。所以,锁定"缝合点"情境所指成了建构路径的根本问题。

在符号学里,语言学家用专名锁定所指。这种锁定所指的理念,克里普将其称为"严格指示器"。在克里普的观点里,这种理念必须具备三个特点。(1)稳定性;(2)自立性;(3)单一指示性。稳定性指一个名称在任何叙事中有且只有同一个指涉目标,在任何叙事语境下保持一致性;自立性指专名可以自证自明,并不需要依靠所在语句进行阐释,是可以反复使用的,不同叙事中同一对象可以重复意指;单一指示性赋予一个名称抽象的内涵,这个名称只代表一个包含意指能力的纯粹符号,不要求意指对象与其所指意义之间一一对应,也不代表意指对象本体表征,不具备任何实际内涵。

借鉴于符号学上的这三个特征,我们可以建构起一种叙事学上的三元结构。"缝合点"叙事至少需要通过三个部分连接而成:命名(稳定性)、意指(自立性)和示例(单一指示性)。换而言之,任何一个"缝合点"只有具备了以上三个部分的功能,才能真正肯定其存在。

要想获得"缝合点"所指的确定而恒常的实在,首先必须有命名部分。

---

① LYOTARD F.Heidegger and "the jews"[M].Minneapolis:University of Minesota Press,1990:28.

利奥塔认为,命名作为一种重要的言说行为,是一种"poiein"[①]。在"碎片化"叙事中,命名并非一种拟态,即命名的过程并不是对"缝合点"两边"碎片化"叙事单元的模仿。"缝合点"叙事并不是来自左右两个"碎片化"叙事单元的叠加,而是根据"碎片化"叙事者自身的二度理解创造,对"缝合点"的叙事进行正名、创新。需要指出的是,这种正名创新不是完全的无水之源,而是一种不确定的存在。这一存在可以有诸多并列存在,也可以继续细分出很多独立子个体,即"缝合点"的位置可以环绕于"碎片化"叙事单元的圆心作等距离移位(发现新的命名),而在每一个"缝合点"中,我们同样可以继续细分出一套完整阐释。这样,命名的过程被分解为了四个步骤。第一,确定"缝合点"在"碎片化"叙事单元中的位置。第二,解构确定后的"缝合点",得出独立子个体。第三,将解构后的独立子个体分置于左右两个叙事单元,从中找出共同点。第四,将这些共同点重新整合,得出真实的"缝合点",完成对"缝合点"的重新命名。经过这四个步骤,"缝合点"得以真实命名。

意指部分是指"缝合点"的外延或内伸,即其承上启下的指向性。真实命名之后的"缝合点"面临在不同"碎片化"叙事单元中的指向性问题。虽然任何一种叙事可以兼具承上启下的功能,但在缝合性原则中我们已经陈述过,"缝合点"的叙事体量不可能过大,否则便有越俎代庖的嫌疑。所以在"承上"或"启下"中,一个"缝合点"只能具备一种可能。最终"碎片化"叙事单元组之间的承上启下,其实是由"缝合点"全集完成的。但是,单一"缝合点"是"承上"还是"启下",其实并不是由"缝合点"本身决定,而是由"缝合点"与"碎片化"叙事单元共同决定。在"碎片化"叙事单元 A 与"碎片化"叙事单元 B 之间,存在两个"缝合点"a_1、b_1。以 A 的圆心与 b_1 之间的距离为半径形成新的圆形 S_1,以 B 的圆心与 a_1 之间的距离为半径形成新的圆形 S_2

①　LYOTARD F.Heidegger and "the jews"[M].Minneapolis:University of Minesota Press,1990:54.

（如图 2.4 所示）。因为尽可能地去掉了两个叙事单元间的重叠部分，所以 S_1 和 S_2 分别是 A 与 B 两个单元组的核心叙事。在这种情况下，如果 S_1 的面积大于 S_2，则意味着 b_1 与 A 的边缘的最短距离小于 a_1 与 B 的边缘的最短距离，也就是说 b_1 与 A 相对更近，故 b_1 的"承上"功能将占据主导。如果 S_1 面积小于 S_2，则意味着 b_1 与 A 的边缘的最短距离大于 a_1 与 B 的边缘的最短距离，即 B 与 a_1 相对更近，故 a_1 的"启下"功能将占据主导。这种定量甄别，将原本模糊的指向性确定了下来，完成了"缝合性"的意指部分。

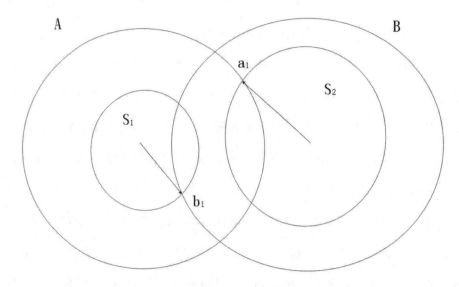

图 2.4 "缝合点"叙事承上启下指向性

例如在电影《美国队长 3》（*Captain America：Civil War*）中，美国队长的好友巴基最终被确认为了杀害钢铁侠父母的元凶，美国队长为了保护巴基，最终与钢铁侠决裂。在《美国队长 3》的前面剧情里，确实铺设了钢铁侠怀念父母的伏笔，按理说两者之间的关系应该是"承上"，但是，相较于《复仇者联盟 3》里不停出现的钢铁侠内心对美国队长回归的渴求，巴基杀害其父母这一片段的真实意指在这里发生了重大偏离。换句话讲，"碎片化"叙事单元 A 讲述的是美国队长与钢铁侠因为巴基决裂，"碎片化"叙事单元 B 讲述的是钢铁侠在面临更强大的敌人时,从内心渴望美国队长这一精神支柱的回归,"缝合点"叙事 C 讲述的是巴基杀害了钢铁侠父母。C 的作用在剧情上而言是承上,但在整个宏观叙事层面,却开启了接下来美国队长对自由的真正反思。这一反思甚至可以追溯到《复仇者联盟 2》钢铁侠在面对科索沃条约时的两难处境:到底什么是人性的自由。所以在这里 C 作为启下的意指更加强烈。

这里要单独指出的是,在缝合性原则中,我们单独提出了"留白"的可能。所以,如果 A 与 B 之间存在留白,则需要作等阶推导。我们假设留白为 C,C 与 A、B 之间各自形成的核心叙事为 S_3、S_4(如图 2.5 所示)。如果 $S_1 > S_2$,$S_3 > S_4$,那么毫无疑问,留白的作用为"承上";如果 $S_1 < S_2$,$S_3 < S_4$,那么留白的作用为"启下"。但如果 $S_1 > S_2$,$S_3 < S_4$,或 $S_1 < S_2$,$S_3 > S_4$,那么,我们就需要比较 S_1、S_2 和 S_3、S_4 的面积差。即 $|S_1 - S_2|$ 与 $|S_3 - S_4|$ 之间的大小。如果 $|S_1 - S_2| > |S_3 - S_4|$,即"承上";如果 $|S_1 - S_2| < |S_3 - S_4|$,即"启下"。

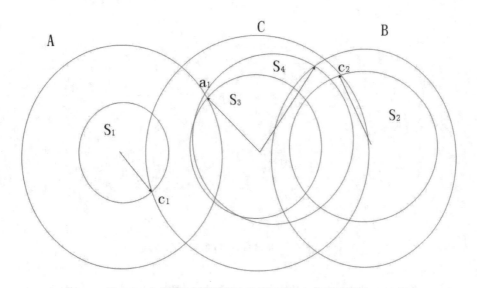

图 2.5　作为"留白"的"缝合点"叙事承上启下指向性

与命名、指向不同,示例部分由垂直螺旋结构组成,如图2.6。在命名、意指完成后,"缝合点"的展示被划定了界限。为了尽可能地完成更多展示,展示的空间必须由扁平的二维空间,向垂直的三维空间进发。"缝合点"所共同形成的缝合面出现"层"的概念。"层"的概念将"缝合点"叙事从单一的"点—点"逻辑中解放出来,变为了"面—面"。例如,假设"碎片化"叙事 A 与 B 之间的缝合面为 S,那么经过"面—面"之间的逻辑推导,S 将在其立体空间中自旋形成 S_1、S_2······S_1、S_2 在表面上与 A、B 似乎并无直接连接,但 S_1、S_2 的投影始终为 S,也就是其根源始终不变。值得注意的是,层与层之间的距离差需要靠受众的理解、想象进行弥合,距离越大,对受众理解的要求就越高。这就提醒创作者在设置"缝合点"所指时,一定要始终将受众理解纳入考虑范围。

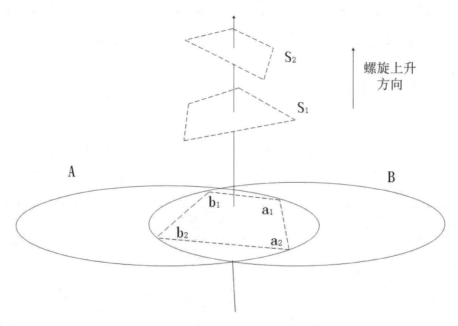

图 2.6 不同"缝合点"叙事的层级递升

这种情况常常出现在"碎片化"叙事重构的最开始阶段,就如同电影《罗拉快跑》里主人公罗拉不停地试错一样,每一个"碎片化"叙事单元同样面临这样一种沙盘试错过程。"缝合点"叙事与"碎片化"叙事之间的关联表面上可以不属于同一层级,但经过推导却能回溯到同一层级,其实是为"留白"做出了空间最大化处理,也进一步明确"留白"的属性:"留白"并非毫无意义的凭空渲染,其存在的价值,其实是在叙事层级之间的升降。通过层级的升降,打破观众单一线条的审美体验,完成意境、情感的升华。值得注意的是,这种思维逻辑已经超越了传统叙事中通常出现的线性逻辑,发展出更多非线性可能。所以,"碎片化"叙事的原则决定了其建构路径,而建构路径又导致了建构逻辑的变化,衍生出了新的逻辑体系。

第三节　建构逻辑

任何一种叙事总是处于既定的历史语境中,这种语境构成了叙事的基本视域及逻辑。利奥塔在《后现代知识》一书中对这种逻辑进行了阐述:在失去子内涵(即"碎片化"叙事单元,笔者注)的情况下,这种(元叙事,笔者注)必将失去伟岸的故事主人公、失去波澜壮阔的目标、失去居无定所的漂泊、失去令人着迷的危险。这些主人公、目标、漂泊、危险,隐藏在语言学的迷雾中。语言学中的描述性、言语性、原则性、叙事性,种种元素构成了这一切的不可知。每一种元素相互之间随机搭配,组成了不可或缺的逻辑价值。[①]

作为互联网时代重要特征之一,"碎片化"不仅在质问叙事的可经验性,也在询问叙事者的阐释逻辑。通过上一节梳理其建构路径,我们可以发现,传统的因果线性逻辑已经无法满足"碎片化"叙事的要求,"碎片化"叙事的

① LYOTARD F.Das postmoderne wissen[M].Ein Berichit,1986:14.

时间性原则、异识性原则、缝合性原则,让"碎片化"叙事的每一个单元都呈现出这样的印象:它可以如此,也可以以别样的形式完成叙事。一些表面上看似随机、无规律的叙事方式成为"碎片化"叙事的核心,这就让其背后的逻辑方式呼之欲出——偶然性逻辑。

米歇尔·马科普勒斯对偶然性做出这样的定义:具备偶然性的事物是能以其他可能的形态存在的,换而言之,偶然性即可能性。[①]

偶然性是一种独特的、被约制的无法掌控性,这种无法掌控性并不意味着某一件事物完全失控,而是部分地、局部地具备随机性。这一事物的这种独特的无法掌控性,表现为其中暗含真实可行的其他选择[②],是介于一定在场与不可能在场之间的一种可能,即非必然亦非非必然。也就是说,借用偶然性逻辑,"碎片化"叙事者能通过尝试诸多"可能性"的手段,探寻"碎片化"叙事的存在可能。最终"碎片化"叙事或许只是这诸多可能性中被实现了的一种,并不代表没有其他选择。

溯本求源,我们如果单从语言的视角来观察偶然性的演变,就会发现其中定义的变迁。在拉丁语中,偶然性被称为 contingentia,经过演变,在德语中,偶然性变为了 Kontingenz,这两个词语的词根都兼具"互相接触和靠近"的意思。而当 Kontingenz 被翻译为古希腊语作 endechomenon 时,才具备了哲学上的可能性意义。亚里士多德对这种意义做出了很好的解释,他为偶然性做出了三个定义:(1)一个事物因为本身兼具是或不是、有或没有、在或不在的双重形态,所以其没有可能性或具备以其他形态存在的可能性;(2)一个事物无论是否存在,皆能存在于人们的设想之中,所以兼具不存在或以其他形态存在的可能性;(3)一些貌似没有任何联系的逻辑路径,可以

---

① MAKROPOULIS M.Modernitat als knoningenzkultur[J].Poetik und hermeneutik,1998:55-79.
② MAKROPOULIS M. Historische semantik und positivitat der kontingenz [J]. Poetik und hermeneutik,2011:484.

在毫无预期的情况下相遇。[①]

十八世纪后期,莱布尼茨对偶然性做出了阐释:"偶然的即是不必然存在的事物。"[②]这种说法看似取巧,但确有其深刻道理。修辞学家维克多里进一步为这种偶然性做出了更准确的定义。他将拉丁文与英文中的偶然性语义分为两类,即 contingentia 并不等于 possible。在其定义里,偶然性成为一个专名,意指那些在现实生活中有可能存在亦不一定存在的事物。

作为解构后的产物,"碎片化"叙事组没有必然存在的逻辑,换而言之,"碎片化"叙事正是在偶然性逻辑中被重新定义与重构。因此,一种"碎片化"叙事按理说不具有唯一存在性,而只是诸多"碎片化"叙事单元组重构的一种可能。

"碎片化"叙事是元叙事中所有故事情节的总汇和聚拢,甚至是延展,是从元叙事必然秩序中,重新回归偶然性的诸多故事的联构。我们可以将任何两个"碎片化"叙事单元的组合,视为一次事件序列的偶发性相遇。所以,无论一个"碎片化"叙事貌似如何成功,且能为其成功找寻到诸多具体原因,同时表面上还能排除其偶发性,只留下其必然性,但这个"碎片化"叙事同样不能排除是以偶然的形态存在于一个更大的联构图谱中。不同间离的、统一的、重复的故事链组成了这一联构图谱。某一可能性只是众多可能性选择中的一种,无论是偶然性或必然性,都将在众多可能性中表征其自身。同理,在已实现的"碎片化"叙事周围,也存在着数不清的、以其他形态委身的可能性。这些已经实现"碎片化"叙事的叙事者,一旦接触到这一无穷无尽联构图谱中的其他可能性即偶然事件,就会明白那些已经实现"碎片化"的叙事的非必然性。

---

① WETZ F J.Die degriffe zufall und kontingenz[J].Poetik und hermeneutik,2001:29.
② MAKROPOULIS M. Historische semantik und positivitat der kontingenz [J]. Poetik und hermeneutik,2011:48.

因为不管用何种方式追寻这些实现了的"碎片化"叙事的立身之本,就会发现联构图谱总是会不停地为他们提供新的假设。"碎片化"叙事者会在这些已实现了的"碎片化"叙事的立身之木与新的假设之间无限推演。但是,每一种偶然性假设其实都代表着一种真实的感知经验,所以这种推演将会随着"碎片化"叙事者自身感知经验的增多而不停增多,最终发现进入了一种"朝向无垠的进程"①。

康德认为,偶然性类似于偶发性,两者具有近似的含义。从一种可能性的"碎片化"叙事向成为现实的"碎片化"叙事转变的过程,是将可能的偶然性向趋于必然的偶发性无限接近的过程。在《纯粹理性批判》的先验逻辑中,康德设置了三个对立的模型:(1)可能—不可能;(2)存在—不存在;(3)必然—偶然。他认为,偶然性与必然性绝对对立,但是偶然性又赋予了必然性存在的可能。② 在"碎片化"叙事中,对偶然性或者可能性逻辑的讨论,更多地是指向叙事者的意识本身,康德在其三大批判中轮番辩证了人类作为道德化身认知本体和作为感知化身认知自然的可能性前提。可是,"碎片化"叙事者与受众的认知高低有所不同,两者之间存在着不可超越的屏障。虽然利奥塔曾经指出,这种建构机制或联构图谱"从头到尾被本我的形态和感知能力的自主游戏所限制,从头到尾显现出客观状态的遗失"③。但"碎片化"叙事者的叙事水平与受众的审美水平和领会叙事意图的能力之间始终无法完美地建立起高效的关联。

在"碎片化"叙事中,可能性与现实性的区别或界定是建立在两者之间相对关系上的,这种关系并非一成不变,但是,每一种有可能成为现实的"碎片化"叙事都必须要有"现实性"作其根基。荷尔德林(Johann Christian

---

① LEIBNIZ G W.Uber die kontingenz[J].Poetik und hermeneutik,1965:181.

② KANT I.Kritik der reinen vernunft.hamburg[J].Poetik und hermeneutik,1956:118-122.

③ LYOTARD F.Das interesse des erhabenen[M].Weinheim,1989:32.

Friedrich Hölderlin)在《判断与存在》中曾说过："如同径直与回旋一样，现实性与可能性是有本质不同的。只有在把被审视者视为可能的前提下，我们才能够反复加深对其的理解。在这一理解不断加深的前提下，被审视者逐渐变为现实。所以，对于任何一个审视者，现实性中从来没有过不存在三个字。"①

在实际情况中，"碎片化"叙事者因为认知的局限性，首要思考的肯定是"碎片化"叙事的必然可能，而非现实性和可能性。特别是可能性，往往被视作非必要的存在。对于"碎片化"叙事者，必然性无法产生可能性，只有现实性才能为其带来有价值的思索。这三者之间存在天然矛盾关系，任何一个"碎片化"叙事者都不可能将这三种属性同时在一个"碎片化"叙事中实现。这三种属性所赋予的形态不能重构出一个独立的、通过各事件之间的相互关联加以整合的整体。

在必然性的罅隙和断裂中，偶然性便因此成为一种"异托邦"（Heterotopia），成为"碎片化"叙事与传统元叙事最大的逻辑差别。通过偶然性逻辑，"碎片化"叙事生产出各种异质因素，在解构狂热的驱使下，符号的联动结构被不停地消解。在可能性的假设语法中，偶然性逻辑貌似顺理成章地进行叙事，伴随着符号间不停地重构解构，更多的叙事可能性居于其上，在颠覆与完成之间不停回转。相伴而来的，"碎片化"叙事者产生了更多丰富、多元的元叙事阐释。实现"碎片化"叙事的重构成了次要目标，"碎片化"叙事者开始追寻更多叙事组合，激发受众新的视听感官。通过对原有叙事含义的颠覆，"碎片化"叙事者通过美学偏异性完成了对故事、事件、人物、情境等的再次翻译。在《尼采、谱系学、历史学》一书中，福柯对偶然性逻辑所带来的结果做出了如下叙述："这个世界表面看上去是多姿多彩、极富意蕴的，它由

① HOLDERLIN F.Hyperion[M].Frankfurt:Deutscher Klassiker Verlag,2008:502.

诸多令人捉摸不透的复杂事件组成。但事实上,这个世界是建立在认知的偏差与不切实际的妄想之中,这些偏差和妄想如云朵一般,簇拥着整个世界。"①福柯所论,看似骇人惊俗,将这个世界视为一个疯狂的存在,但他之所以这么说,是因为相较于传统逻辑的规范,偶然性逻辑难以掌控,或灵光一现,或落于尘土,如果将这种逻辑作为"碎片化"叙事的建构逻辑,必然面临着与元叙事逻辑的断裂,面临着不可知的风险。例如,这种偶然性逻辑建构的叙事虽然能自圆其说,但却不能被大众审美所容纳。这是偶然性逻辑所面临的最大困境。但是,随着社会的多元化发展,随着大数据的到来,这种困境或许会在不久的将来,借助于人工智能、云计算的力量得以克服。

值得注意的是,不仅"碎片化"叙事整体的重构需要符合偶然性逻辑,同时在"碎片化"叙事单元之间,偶然性逻辑也构成了一种不可忽视的范式,表现为一种"双重偶然性":假定有两个不同的"碎片化"叙事单元 A、B,A 为"他者"(Alter),B 为"自我"(Ego),在叙事进行过程中,A、B 相互之间构造了一个开放的、难以预料的"缝合性"叙事空间,"碎片化"叙事单元 A 的叙事在这里面临着更多的选择,故作为接下来继续叙述的 B 的反馈或回应也应该存在着多重可能性。这就要求"碎片化"叙事者以偶然性和不确定性为基础,把整个"碎片化"叙事的实现视为一个多重维度、具足偏异的阐释过程。

---

① FOUCAULT M.Schrifen in vier banden[M].Frankfurt,2002:181.

第三章
网络影像"碎片化"叙事体系构建

　　罗兰·巴特指出:"话语,包括叙述作品的时,体,式。"①类似的,热奈特把叙事体系的建构,概括为关于叙述文本时况与故事时况的叙述时况、关于叙述方法尤其是形式和程度的叙述语式、关于叙述人称的语态三个部分。②托多罗夫把话语的手段分为"表达故事时间和话语时间之间关系的叙述时间,叙述体态或叙述者观察故事的方式,以及叙述语式"③三部分,费伦也认为话语是用来讲故事的一套手法,包括视觉(谁在看)、声音(谁在说话)、持续时间(讲述某事所需的时间)、频率(唯只一次讲述还是重复讲述)和速度(一段话语涵盖多少故事时间)。无论是传统元叙事还是"碎片化"叙事,其体系建构都离不开叙事学本体特征范畴。正如马克·柯里所说:"叙述的线性本身就是一种重新压制差异的形式,对这个问题,要与各种新历史主义观的第二个基石,即对排斥结构的批判联系起来,才能得到最好的解释。"④"碎片化"叙事是叙事学领域跟随时代的一次革新,是"碎片化"网络特征与叙事

---

①　巴特.叙述作品结构分析导论[M]//王泰来,等.叙事美学.重庆:重庆出版社,1987:66.
②　热奈特.论叙述文话语[M]//张寅德.叙述学研究.北京:中国社会科学出版社,1989:195.
③　托多罗夫.叙述作为话语[M]//张寅德.叙述学研究.北京:中国社会科学出版社,1989:294.
④　柯里.后现代叙事理论[M].宁一中,译.北京:北京大学出版社,2003:88.

学的一次碰撞,所以,结合前面几章的分析,我们回到原点,重新梳理叙事学中最基础的"时、体、式",并引入叙事权力这一概念,以衡量其在叙事中的重要程度,得出这一新体系的建构方式。

第一节 "时"的构建

"碎片化"叙事中,"时"应分拆为三部分:叙事时长、叙事时序、叙事频率。

一、时长安排及其叙事权力

相较于传统叙事学,"碎片化"叙事中的叙事时长其实是一个相对概念。叙事时长在"碎片化"叙事中有两层含义:第一层,是指单一"碎片化"叙事单元的绝对时长;第二层,是指"碎片化"叙事单元之间的相对时长。

第一层含义中的绝对时长是指叙事者所安排的故事时长。如果叙事者所安排的故事时长与原事件的自然时长大致相同,即所叙述事件持续的自然时间段与叙事者叙述这一事件所花费的时间段大体相同,那么,叙事者的叙事权力为最小。随着绝对时长的增减,叙事者的主观意识增加,如果所叙述事件持续的时间段无限长于或短于叙述事件所花费的时间段(省略或停顿),在省略的情况下叙述时长被压缩为零,在停顿的情况下故事时长被压缩为零。这两种情况是创作者叙述权力获得极限发挥的表现。无论是叙述时间的加速和压缩,还是叙述时间的减速和延长,都在一定程度上显示了叙事者对故事时长的故意变形和重构,都是叙事权力增强的集中体现。

我们假设有一个事件 b,叙述 b 所用的时间为 T,传统叙事学中,b 与 T 之间的关系是绝对的一一对应。但在"碎片化"叙事中,b 的叙述被拆分为了

b_1、b_2、b_3……个子事件，对应于"碎片化"叙事单元 a_1、a_2、a_3……即便在保持 b_1、b_2、b_3……的叙事时间总和仍旧和 b 一致的情况下，"碎片化"叙事单元 a_1、a_2、a_3……之间存在的"缝合点"叙事 C，也必然会导致总时长的增加。所以，在"碎片化"叙事中，叙事时长实际上等于事件时长与"缝合点"叙事时长之和。

在这种相对时间下，叙事权力的交替存在两种可能。

（一）$T_A > T_C$

T_A 为"碎片化"叙事单元时间总和，T_C 为"缝合点"叙事时间总和。如果 $T_A > T_C$，则意味着 $t_{a1} + t_{a2} + t_{a3}$……$> t_{c1} + t_{c2} + t_{c3}$……这种情况在"碎片化"叙事中占大多数，因为"缝合点"叙事很大一部分作用在于承上启下。这种情况下"碎片化"叙事组的叙事权力大于"缝合点"叙事。

（二）$T_A < T_C$

如果 $T_A < T_C$，则意味着 $t_{a1} + t_{a2} + t_{a3}$……$< t_{c1} + t_{c2} + t_{c3}$……$T_C$ 越大，"缝合点"叙事的叙事时间越长，其叙事权力越大。"留白"叙事是这种情况下的极端可能。"留白"叙事虽然仍然具有承上启下的功能，但是其作为独立叙事个体的叙述功能更强。

第二层含义中的相对时长是指"碎片化"叙事单元之间，以及和"缝合点"叙事时长之间的相对比较。例如，"碎片化"叙事单元 A、B 之间有"缝合点"叙事 C，三者的时长分别为 t_1、t_2、t_3，那么，将会出现三种相对情况。

1.$t_3 - t_1 = t_2$

这种情况下，叙事者人为保持了"缝合点"叙事时长。相对应的，在叙事时序上，C 的时序可以为顺序、追叙或预叙。但因为"缝合点"叙事同时出现在 A、B 之中，无论其叙事时序、方式、视角有何不同，叙事内容都产生了重叠。所以这种情况下，叙事者叙事权力实际上降低了。

2. $t_3 - t_1 > t_2$

这种情况下，叙事者人为扩大了"缝合点"叙事时长。相对应的，在叙事时序上，C的时序只能为外追叙或外预叙，叙事内容被扩充，"缝合点"叙事的叙事权力增强。

极端情况下，叙事者对C进行第一层所说的省略处理，即尽可能将C的时长缩短。也就是说"缝合点"数量和缝合面的面积都尽可能减少，"缝合点"叙事个体事件尽可能为1。

3. $t_3 - t_1 < t_2$

这种情况下，叙事者人为缩小了"缝合点"叙事时长。相对应的，在叙事时序上，C的时序只能为内追叙或内预叙，叙事内容被缩小，"缝合点"叙事的叙事权力增强。

极端情况下，叙事者对C进行第一层所说的停顿处理，即尽可能将C的时长增加。也就是说"缝合点"数量和缝合面的面积都尽可能增加。这种情况其实对应着缝合性原则中所提到的"留白"，即C的作用不仅是承上启下，而且是独立发展出自身情境，实际与A、B并列成了一个新的"碎片化"叙事单元。这种情况下，"缝合点"叙事权力被扩充为可能情况下的最强，实际成了一个新的"碎片化"叙事单元。例如早期美剧《越狱》，在《越狱》第一季时，主线有两条，第一条是麦克与哥哥林肯之间的情感路线，我们将其视为"碎片化"叙事A；第二条是麦克带领一伙犯人越狱路线，我们将其视为"碎片化"叙事B。随着剧情的发展，随着幕后黑手"公司"（company）的介入，出现了两兄弟与"公司"之间斗争的第三条线索，这一条线索对于A、B而言其实并不重要，只作为背景的"留白"叙事C出现即可说清A、B之间的逻辑线索。但叙事者不断加强C的占比，到第四季时甚至抛弃了B而将大量精力转移到了 A、C 之间。这种转移也即"留白"叙事的扩充。

值得注意的是,无论我们如何分析,受众最终接受到的,都是作为一体化的"碎片化"叙事全集。所以无论是相对时长还是绝对时长,最终在受众那里,都仅体现故事可能持续的时间长度与叙事所需要的时间长度之间的逻辑关系,这只是一种叙述技巧的变化。如果要为其赋予叙事价值,就必须在叙事技巧之上,扩充其叙事内涵,并且能在二者之间找到某种具有特别价值和意义的关系逻辑。这一点可以参见偶然性逻辑一节中的相关论述,在此不赘述。

二、时序安排及其叙事权力

叙事时序是指事件发生的自然时间顺序,常常是先发生的事件在前,后发生的事件在后。传统叙事中,叙事时序往往是线性的,而在"碎片化"叙事中,叙事时序则有可能线性、非线性兼具。因为在"碎片化"叙事体系中,时序有两层含义。第一,"碎片化"叙事单元内的前后时序;第二,"碎片化"叙事单元间的前后时序。

第一层含义中,单一"碎片化"叙事单元其实被视为了完全独立的个体。在这种情况下,叙述者所安排的叙述时序如果完全按照原事件的自然时序,那么单一"碎片化"叙事单元的创造性就不明显。如果故意改变事件的自然时序,将先前发生的事件安排在后发生事件之后叙述,即进行所谓追述或追叙,或把后发生的事件安排在先前发生事件之前加以叙述,即所谓预述或曰预叙,那么单一"碎片化"叙事单元的叙述权力将随时序改变幅度的增大而变大。

一般情况下,追叙和预叙所表现出来的逆时序只是有限逆时序,只是某一时间段的事件推后或提前叙述,就这一被推后或提前的事件本身的时间顺序并未真正改变,仍是顺时序。例如,我们假设一个"碎片化"叙事单元 A 有 a、b、c 三个子事件,如果一般事件的自然时序是 a→b→c,追叙就是 b→a →c 或 b→c→a 等,预叙就是 a→c→b。详细来说,追叙和预叙的具体情况 并不完全相同。如果追叙事件的整个时间段在"碎片化"叙事单元 A 自然 时序之前结束,追叙事件与"碎片化"叙事单元 A 在时间上并不递续,就是外 追叙。如果追叙事件的整个时间段在"碎片化"叙事单元 A 时间段之内,就 是内追叙。如果追叙事件的时间段有一部分在"碎片化"叙事单元 A 时间段 之外,另一部分时间段包含在"碎片化"叙事单元 A 时间段之内,也就是追叙 事件发生时原叙事件并未发生,追叙事件结束之后原叙事件仍持续了一段 时间,就是混合追叙。如果预叙事件的整个时间段在"碎片化"叙事单元 A 时间段之外,也就是原叙事件结束之后,预叙事件并没有接着发生,就是外 预叙。如果预叙事件的整个时间段在"碎片化"叙事单元 A 时间段之内,就 是内预叙。如果预叙事件发生时原叙事件并未结束,原叙事件结束之后,预 叙事件仍持续了一段时间,就是混合预叙。最为典型的追叙应该是越是先 前发生的事件越放在后面叙述,其顺序就是 c→b→a。而最典型的预叙应该 是越是后来发生的事件越提前进行叙述,其顺序同样是 c→b→a。这两种典 型的追叙和预叙在表面上看来似乎存在某种程度的相同性,其衡量的标准 其实是叙述事件行为的当时时间,也即第四节将要提到的叙事者视角设置。 如果叙事视角设定为当时已经发生,则是追叙;如果叙事视角设定为当时尚 未发生,则是预叙。

托多罗夫认为造成追叙与预叙的原因是:话语的时间是单一的,而故事 的时间则是多元的,这两者的不能完全合拍导致了时间错乱表现以下两种 情况:"追溯以往"或后退和"瞻望前景"或前置。[①] 在"碎片化"叙事中,更多

---

① 托多罗夫.文学作品分析[M]//王泰来,等.叙事美学.重庆:重庆出版社,1987:23-24.

情况往往是预叙中有追叙,倒叙中有预叙,以致二者可无限组合乃至重叠。

第二层含义中,单一"碎片化"叙事单元被视为叙事单元组中的一个子单元。其子单元内部的时序在第一层中已经设置圆满,各子单元之间的交叉时序便成为安排重点,同时之前我们所提到的"缝合点"叙事在这里将产生重要影响。例如,有两个"碎片化"叙事单元 A、B,在元叙事中,有 a、b、c、d、e、f、g 七个子事件。其中 d 事件被叙事者设置为了"缝合点"。我们先来看最基本的安排,如果 A、B 两者均采用顺序时序,即 A:a→b→c→d,B:d→e→f→g。这样的组合是最简单的,但由于并未改变叙事时序,所以其叙事权力也是最小的。

为了增大"碎片化"叙事的叙事权力,我们需要借用排列组合的原理,将A、B 两者自身时序扁平化处理,尽量放大时序的改变对故事结构产生的影响。对于 A、B 两者,其时序都只有三种可能:顺序、追叙、预叙。经过排列组合后,我们可以得出两者组合后的九种可能:顺—顺、顺—预、顺—追、预—顺、预—预、预—追、追—顺、追—预、追—追。

(1)顺—顺,情况已述。但需要注意的是,"缝合点"位置的选择并不会带来叙事权力的变化,但如果"缝合点"数量增多,A、B 之间缝合面越大,则"缝合点"叙事权力也会随之变大。此时,我们就需要参考第二章建构路径中所探讨的内容,将"缝合点"单独提出进行分析。换而言之,A、B 的时序可以都是顺序,但"缝合点"的时序却可以不同。这种潜在时序的变化其实改变了整个"碎片化"叙事的时序。例如 A:a→b→d(顺序),"缝合点":d→c(追叙),B:c→e→f→g(顺序),这种情况下,整个叙事的时序已经产生变化,如果缝合面越大,"缝合点"叙事权力越大,"缝合点"叙事对整个叙事时序产生的影响也就越大。"缝合点"时序决定了"碎片化"叙事的叙事权力,这是"碎片化"叙事不同于传统元叙事之处。例如美剧《指定幸存者》

（*Designated Survivor*）中，美国众议院被炸毁，新任总统 Tom 下令追查此事，整个追查的过程大多采用顺序，但在一些揭秘性的关键节点上，却采用了追叙的手法，出现了大量闪回之类的场景。这些关键节点也即整个追查过程的缝合点，用追叙的手法改变这些"缝合点"叙事的时序，让受众产生了恍然大悟的感觉。

（2）顺—预。这种情况，B 的预叙时序需要将固定"缝合点"d 作为第一时序，其最极端可能性为 A：a→b→c→d，B：d→g→e→f。我们将 A、B 视为一个整体，就会发现叙事的时序变为了 a→b→c→（d→d）→g→e→f。可以看出，如果"缝合点"位置提前，B 的叙事权力就会增大，这种情况下整个叙事时序的叙事权力就会变大；反之如果"缝合点"靠后，整个叙事时序的叙事权力就会变小。如果"缝合点"数量增多，例如 c、d 两者均为"缝合点"，那么"缝合点"叙事的权力将变大，其实就会出现一种潜在时序：顺—缝—预，也即顺—（顺、追、预）—预。美剧《越狱》（*Prison Break*）中有许多这样的例子：在一些剧集里，主角迈克尔自一开场就被提醒，可能会发生某一种险境，这种预叙来得越早，意味着后面顺叙对这种预叙的解释空间就越大，整个片子的剧情也就越跌宕起伏。

（3）顺—追。这种情况与（2）类似，所不同之处在于 A、B 两者作为两个子个体，其叙事者视角可以不保持一致。也就是说，A 在这种情况下为"正在发生"，而 B 则是"已经发生"。但需要注意的是，无论 A、B 之间的视角是否相同，都需要通过"缝合点"d 进行视角同步或转化。也就是说，在这种情况下，"缝合点"的视角转化能力将决定整个叙事的叙事权力。如果"缝合点"的视角转化设置越流畅，则整个叙事的叙事权力越大，反之亦然。

（4）预—顺。这种情况其实潜在地要求了"缝合点"只能有一个。因为 A 为预叙，如果"缝合点"数量增多，发展出独立的叙事时序，则必须与 A 的时序保持一致。例如，A：a→b→d→c，"缝合点"：c，B：c→e→f→g。如果"缝合点"叙事时序为预叙，则 B 的时序也只能为预叙或者追叙。所以在这种情况下，A 的叙事时序决定了整个叙事的叙事权力。最典型的例子就是美剧《美国众神》(American Gods)第一季的开场。在开场里，出现了一场关于旧神与新神之间发生冲突的戏，这一场景被放在了背景交代之前，属于一种预示性开篇，观众很难直接理解这个开场的全部含义。但随着剧情的发展却可以看出，这个开场所设下的隐喻贯穿了整季影片，也就是说在这里作为"缝合点"叙事，预叙的叙事权力左右了整部影片的走向。

（5）预—预。如果将 A、B 视为一个叙事整体，从表面看来，这个整体的叙事时序为预叙。但如果将"缝合点"时序纳入考虑范围，则会出现混合时序的可能。例如 A：a→b→d→c，"缝合点"：b→c，B：c→b→e→f→g。A 与 B 本来是独立子个体，但如果要保证两者皆为预，则 A 的预叙能力越强，缝合面越大，对 B 的预叙将产生直接影响。也就是说，这种情况下，A 的预叙能力将成为叙事权力的主导。

（6）预—追。这种情况其实是(3)、(5)两者的综合。从表面上看，(6)的时序安排与(5)相似，但是实际上真正决定叙事权力的还在于"缝合点"的视角同步、转化能力。例如，A：d→c→b→a，"缝合点"：a→g，B：g→f→e。A 与 B 的时序均为该序列的最大叙事权力，但由 a 到 g，中间跨越了五个子事件，叙事者需越过这五个子事件，将叙事从"还没发生"转化为"已经发生"，其难度可想而知。

（7）追—顺。这种情况与(4)类似，整个叙事的叙事视角是从"已经发生"到"正在发生"，故"缝合点"时序需保持顺序，才能保证 B 的时序为顺序。例如，A：d→c→b→a，"缝合点"：a→b，B：a→b→e→f→g。从这里也能看出，"缝合点"虽然有其独立性，但作为整体来看，其所产生的影响将决定整个叙事是否流畅。

(8)追—预。这种情况与(6)类似,但实现的难度有过之而无不及。因为其视角转化与(6)相反。(6)为"还没发生"到"已经发生",(8)为"已经发生"到"还没发生"。(6)的视角转化其实是一个顺叙,而(8)的视角转化则必须为追叙或预叙。在缺少中间子事件作为关联的情况下,这种追叙或预叙就要求 B 的叙事能力足够弥补"缝合点"在这里埋下的伏笔,所以追叙/预叙在这里最有可能为外追叙/外预叙。

(9)追—追。这种情况在时序设置上与(6)、(8)类似,在"缝合点"视角转化上与(5)类似。例如,A:d→c→b→a,"缝合点":a→g,B:g→f→e。"缝合点"时序可以为顺叙,即"已经发生"—"正在发生"—"已经发生",从整个叙事时序来看,这样的叙事其实仍属于正在发生时态,也就是说"缝合点"的顺叙决定了整个叙事的时序其实也是顺叙。如果"缝合点"时序为追叙,即"已经发生"—"已经发生"—"已经发生",那么整个叙事时序则为追叙,这时叙事权力其实回归到了 A、B 两者,A、B 的时序变化越大,则整个叙事的叙事权力越大。如果"缝合点"时序为预叙,即"已经发生"—"还没发生"—"已经发生","缝合点"需要通过一个未知,完成从一个已知到另一个已知的过渡。这时"还没发生"的事件就成为关键,A、B 作为"已经发生"的事件成为既定事实,通过"缝合点"这一"还没发生"的事件完成串联,这就规定了"缝合点"的预叙只能是外预叙。例如美剧《24 小时》(24 Hours),无论每一集内的叙事时序如何安排,但在每一集的节点上,叙事时间都被叙事者拉回了与现实生活中 1∶1 比例的 24 小时倒计时中,也就是说,每当这一倒计时出现时,时序变为了顺叙,而在此之前与之后则可以为追叙。

总之,无论是第一层还是第二层,越打破自然时序的叙述时序,越改变"缝合点"叙事视角,越能显示出"碎片化"叙事的叙事权力。叙事序列的故意打破、重组和错置,都不同程度显示出"碎片化"叙事对过去、现在和未来故事的破坏和重构权力。

三、频率安排及其叙事权力

叙事者在安排叙事频率时,往往通过特定的故事和叙述次数的逻辑关系赋予其独特的文化内涵,使叙述和故事次数显示出结构乃至形式技巧方面的特征,赋予其文化内涵以及更突出的叙述张力。

托多罗夫将叙事频率从理论上概括为三种可能性:"单一性叙述,即一种话语只提及一桩事件;重复性叙述,多种话语提及同一事件;最后是多层次叙述,一种话语涉及多件类似事件。"[①]三种可能性即"一对多""多对一""多对多"。这三种可能性其实可以归结为两类,即同频和异频。同频率叙述是指所叙述的事件实际发生的次数与叙事中实际发生的次数相同。异频率叙述是所叙述事件实际发生的次数与叙事之中实际叙述的次数不相同。

我们进一步可以为这两类划出四种可能:

(一)单一"碎片化"叙事单元内同频

假设一个自然事件 S,S 下又可以细分出三个子事件 s_1、s_2、s_3,而"碎片化"叙事单元 A 中,相对应地进行了 a_1、a_2、a_3 三次叙事。这种情况叙述频率与事件发生的频率相同,叙事者只是在照搬陈述原事件,叙事者的叙述权力就显得较微弱。但要注意的是,如果 s_1、s_2、s_3 是类似事件,通常情况下可以作合并同类处理。例如 a_1、a_2、a_3 可以都对应 s_1,即将 s_1 拆解为三次叙事。这种做法常出现在为了强化某一叙事,强调某一目的的过程中。虽然这种情况不属于叙述频率与事件发生频率相同,更类似于异频,但 a_1、a_2、a_3 作为一个连贯整体出现,在合并同类之后其实应该被视为 $a_1+a_2+a_3=a$,以 a 的合

---

① 托多罗夫.文学作品分析[M]//王泰来,等.叙事美学.重庆:重庆出版社,1987:25.

集形式出现,故整体上叙述频率与事件发生的频率仍是一一对应关系。

(二)"碎片化"叙事单元组同频

假设一个自然事件 S,S 下又可以细分出三个子事件 s_1、s_2、s_3,而"碎片化"叙事单元 A、B 中,相对应地进行了 a_1、a_2、b_1、b_2 四次叙事。这种情况叙述频率与事件发生的频率相同,频率设置的叙事权力较弱。但要注意的是,如果要完全保证两者频率相同,就需要对"缝合点"叙事进行"留白"处理。不然自然事件有 n 个,叙事的次数最少也总是 $n+1$ 次("缝合点"叙事重叠)。故"碎片化"叙事单元组同频始终比单一"碎片化"叙事单元内同频的叙事权力更高。

(三)单一"碎片化"叙事单元内异频

假设一个自然事件 S,S 下又可以细分出三个子事件 s_1、s_2、s_3,任何一个子事件在"碎片化"叙事单元 A 中出现的次数如果不等于1,即不能保证 s_1 在充分必要条件下对应 a_1,则会出现异频。例如,"碎片化"叙事单元 A 对应 s_1 的叙述为 a_1、a_2,或对应 s_2 不存在叙述,都会导致"碎片化"叙事单元内异频。这种情况下,叙事者的叙事权力开始增大。需要注意的是,如果 s_1 对应 a_1、a_2,为了更为充分地重复叙述,s_1、s_2 之间应该发生一次不同人物视角的转变。异频的出现其实相当于通过 a_1、a_2 对 s_1 进行综合叙述,在某种意义上更接近概略,只是概略并不仅仅表现为频率次数的概略,因为时间长度的概略可能有多种形式。异频率叙述的叙述频率与事件发生的频率不完全相同,叙事者对事件频率的处理就显得相当突出,其叙述权力也随之显得相当突出。即使单一叙述及其变体也并不是绝对意义上的对事件的复原,因为关于时序和时长的任何一点改变都可能使这种复原显得力不从心,至于重复叙述和综合叙述所具有的人为性就更为突出,因而叙事者人为创造的权力就必然获得强化。

（四）"碎片化"叙事单元组异频

假设有自然事件 S，其子事件 s_1、s_2、s_3、s_4，"碎片化"叙事单元 A、B，s_1 在 A 中对应 a_1、a_2 两次异频叙述，s_2 在 A 中对应 a_3、a_4、a_5 三次异频叙述，s_3 在 B 中对应 b_1、b_2、b_3 三次异频叙述，s_4 在 B 中对应 b_4、b_5、b_6 三次异频叙述，整个"碎片化"叙事的时序为 $a_1 \rightarrow a_2 \rightarrow a_3 \rightarrow a_4 \rightarrow a_5 \rightarrow b_1 \rightarrow b_2 \rightarrow b_3 \rightarrow b_4 \rightarrow b_5 \rightarrow b_6$。表面上看，（四）的情况与（三）十分类似，但是如果考虑到 A、B 之间的"缝合点"，情况将变得复杂。如果我们将"缝合点"设置为 $a_5 \rightarrow b_1 \rightarrow b_2$，那么这三个叙述个体，将出现（一）中合并同类情况。s_2 经历了两次 $a_5（a_{51}+a_{52}）$叙述，s_3 经历两次 $b_1（b_{11}+b_{12}）$叙述，两次 $b_2（b_{21}+b_{22}）$叙述，在设置"缝合点"叙事时，必然面临视角转化或叙事增强。这样，"缝合点"叙事的叙事权力因为"碎片化"叙事单元之间的异频间接性得到增强。换句话讲，"碎片化"叙事单元组异频越高，"缝合点"叙事权力越大。

（五）"碎片化"叙事单元同异频混合

这种情况其实是前四种情况的综合，也是最普遍存在的情况。据前所述，异频叙述存在合并叙述的可能，同频的叙述则往往是逐一陈述。故当两者同时存在时，异频往往属于概略性叙述，同频往往属于减缓性叙述。最常见的模式是先异频率概略叙述，再同频率场景或减缓叙述，后异频率概略叙述。

但需要注意的是，不是所有异频叙述都是概略，也不是所有同频叙述都是场景或减缓。事实上二者并不一定完全吻合，因为频率在叙事中指叙述次数，概略、减缓则主要指时长。也就是存在同频率概略叙述以及异频率场景或减缓叙述。

第二节 "体"的构建

"碎片化"叙事中,"体"应分拆为三部分:叙事情节、叙事事序和叙事体态。其中,叙事情节又分为三层:情节激励、情节模式、情节结构。

一、情节安排及其叙事权力

叙事情节一般涉及事件的时间序列和逻辑关系。在传统叙事里,无论情节的发展多么复杂,始终都是线性关系。但在"碎片化"叙事里情节激励、情节模式、情节结构三者如点、线、面一样,在不同的时空层面建构叙事情节。这种非线性关系本身就相对复杂,在增加"缝合点"叙事的情况下,其复杂程度将进一步增加。

(一)情节激励

情节激励是串联事件序列和因果关系的最主要因素。情节激励往往外在地显现于时间序列和因果关系之中,且以其共时性甚或无时序性特征超越时间序列和因果关系,彰显出各自间对立统一的逻辑关系及叙事的深层结构特点。情节激励并不单纯指叙事中外在行为特征,也包括叙事中内在心理特征,也就是既包括叙事的外在形态,也包括导致叙事的内在原因。真正的情节激励可能是具体可感的人和事物,也可能是抽象的思想观念和意识形态等。诸如人物及其情绪、思想、观念,事物及其愿望、性质、功能等。任何情节激励在叙事中都可能具有一定能动性,且承担相应施动功能和角色意义。

根据所承担的不同施动功能和角色意义,我们可以如格雷马斯那样将情节激励划分为主体与客体、发出者与接收者、辅助者与反对者,如图 3.1 所示。情节激励间常常相互独立、相互依赖、相互作用,其中每一个情节激励都以其特定的施动功能和角色意义发挥作用和影响,共同构成具体事件。相对来说,主体常常是情节激励的主要执行者和施事者,是主人公或主体力量的代表,客体则是主体行动的目标、对象,是被寻找者和定向价值的代表。发出者是情节激励的最原始发出者,接收者则是愿望对象和交际对象等行动结果的最终承受者。辅助者为获得客体或实现行动目的提助,促成愿望的实现和客体的获得,反对者则制造障碍和困难,延缓或阻碍激励的实现和达到目的。

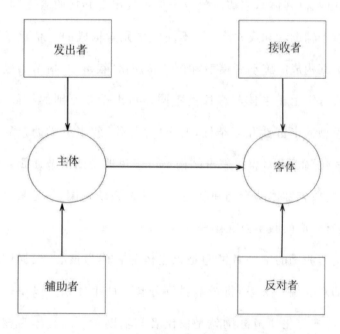

图 3.1　情节激励的结构

无论情节激励属于人物、动物、事物或情绪感受、思想观念的哪种,都一定在叙事序列中承担一定的施动功能和角色意义,而且在具体事件的构成之中,并不是一个人物、动物和其他事物或情绪感受、思想观念和意识形态只能具有一种施动功能和角色意义,只能承担一个情节激励,也不是一个情节激励只能由一个人物、动物和其他事物或情绪感受、思想观念和意识形态承担。通常是一个情节激励可由多个人物、动物和其他事物或情绪感受、思想观念和意识形态承担,一个人物、动物和其他事物或情绪感受、思想观念和意识形态也常常承担多个情节激励。

在"碎片化"叙事中,虽然存在诸多情节激励分配的稳定性,但大多数情节激励的分配因为叙事的偶然性逻辑而难以定论,常随事件的发展演变而变化,曾经的主体可以变为客体,发出者可以变为接收者,辅助者可以变为反对者。格雷马斯认为:"整个模型以主体所追求的愿望对象(客体)为轴。作为交际的内容(客体),愿望对象位于信息发出者和接收者之间,而主体的愿望则投射于辅助者和反对者。"[①]不同叙事元素构成的一个重要表现就是情节激励及其构成的施动者模型,而在"碎片化"叙事中,情节激励的施动者模型的构成常常由于主体与客体的不同显示出千差万别的特征,并由此形成施动者模型的丰富性和复杂性,乃至"碎片化"叙事意义的差异性。可以说,在"碎片化"叙事中,整体叙事结构不可避免地受到情节激励的施动者模型,尤其是主体与客体的影响和制约。有什么施动者模型,尤其是主体与客体,就必然有相应的叙事意义结构。

这种情节激励的施动者模型是以主体与客体为核心,根据这两个核心情节激励的对立统一关系,将情节激励分解为两个体系。以主体为核心情节激励,相应的催化情节激励就是发出者和辅助者。以客体为核心情节激励,相应的催化情节激励就是接收者和反对者。当然"碎片化"叙事中,实际构成可能更加复杂,而且总是存在一些介于二者之间,既具有核心情节激励性质,又具有催化情节激励性质的双重情节激励,如图3.2所示。这种双重情节激励在"碎片化"叙事情节激励的构成中占有极大比例。因为实际上总

---

① 格雷马斯.结构语义学[M].蒋梓骅,译.天津:百花文艺出版社,2001:264.

是存在一些并不真正介入事件序列，也不对事件序列的构成发生任何功能性作用的情节激励，它们的存在仅仅是一种迹象或情报的价值和意义。如果真正代表了迹象和情报，其实也就参与了事件，承担了一定施动功能和角色意义。问题是一些仅仅在某一具体事件之中承担了施动功能和角色意义的情节激励，可能在其他事件之中并没有真正承担任何施动功能和角色意义，这就显示了双重情节激励的性质。这种双重情节激励还有更普遍的存在形式，就是情节激励可能存在本质与表象、身份与品质不一致的情形，如"碎片化"叙事单元 A 中的主体却可能是"碎片化"叙事单元 B 中的辅助者，甚至存在"碎片化"叙事单元 A 中主体其实是"碎片化"叙事单元 B 中客体、"碎片化"叙事单元 A 中辅助者其实是"碎片化"叙事单元 B 中反对者、"碎片化"叙事单元 A 中发出者其实是"碎片化"叙事单元 B 中接收者的情形。表面的客体却可能是实质上的反对者，甚或主体；表面的反对者其实是辅助者；表面的接收者其实是发出者。这种现象是作为情节激励的人物、动物或情绪感受、思想观念、意识形态可能具有典型意义的主要原因。某一角色所

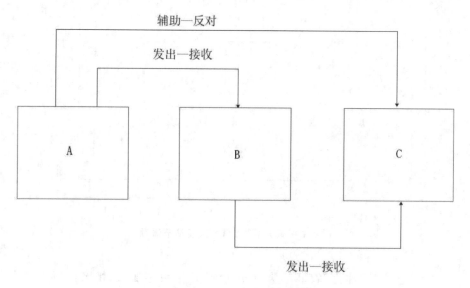

图 3.2 传统叙事的双重情节激励

承担的情节激励越复杂和丰富,这一角色越可能成为凸圆形象或典型,否则只能是扁平形象。

如上所述,因为"碎片化"叙事的非线性、偶然性特征,相较于传统叙事,其情节激励的组建模型更为复杂,如图 3.3 所示。我们假设在"碎片化"叙事单元 A 中的一个情节激励为 S_A,其作为情节激励主体时为 S_{+A},作为情节激励客体时为 S_{-A}。当其作为情节激励主体时,如果为发出者则为 S_{+A1},如果为辅助者则为 S_{+A2}。当其作为情节激励客体时,如果为接收者则为 S_{-A1},如果为反对者则为 S_{-A2}。"碎片化"叙事单元 B、C、D、E 中的情况以此类推。

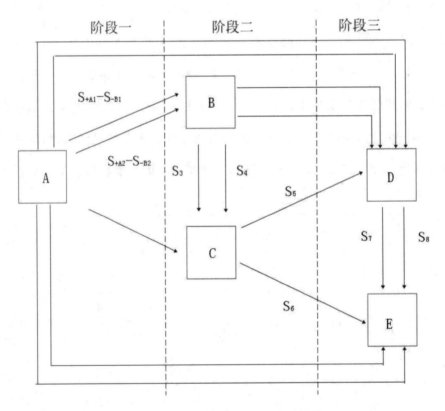

图 3.3 "碎片化"叙事的双重情节激励

如果整个"碎片化"叙事是从 A 开始到 E 结束。那么,情节激励的演化就会出现如图 3.3 所示的诸多可能。如果 A 到 B 之间的情节激励为发出者与接收者的关系,那么两者之间的关系为 $S_{+A1}-S_{-B1}$;如果两者之间的情节激励为辅助者与反对者,那么两者之间的关系为 $S_{+A2}-S_{-B2}$。A、B之间因为有两种情节激励关系,故存在三种情节激励可能:发出者—接收者,辅助者—反对者,以及两种关系兼具的混合型。

从第一个"碎片化"叙事单元A开始,每增加一个"碎片化"叙事单元,情节激励就会以指数形式增加。从A到B,情节激励有2种;从A到C,情节激励有5种(从A到B有2种,B到C有2种,A直接到C有1种)。从A到D有9种,如图3.3中三个阶段。总之,如果一共有n个"碎片化"叙事单元,情节激励就会有 $2^{n-1}+1$ 种可能。潜在变化的多样程度提醒着叙事者,要以整体宏观的布局方式来设置情节激励。

同时,我们不能忽视"缝合点"叙事存在情节激励的可能。如果A、B之间存在"缝合点"叙事,那么A到B之间的情节激励变化 $S_{+A1}-S_{-B1}$、$S_{+A2}-S_{-B2}$ 可能还存在一个中间变量。在情节激励视阈下,"缝合点"叙事其实已经变相近似于一个独立的"碎片化"叙事单元。有所不同的是,"碎片化"叙事单元必须存在情节激励,而"碎片化"叙事则可以不存在情节激励。可以看出,整个"碎片化"叙事中,情节激励越多,"碎片化"叙事情节变化起伏就会越大,叙事权力自然越高。

其实,胡塞尔等西方现代哲学家提出的互为主客体性,以及罗兰·巴特的有关阐述已经涉及了"碎片化"叙事情节激励复杂性的存在。罗兰·巴特这样写道:"行动者模式像一切结构模式一样,其价值不在于既定的形式(六个行动者的母式),而在于能适应有规律的变化(缺失、混同、重复、取代),从而使人指望有个叙事作品的行动者的分类学。但是,当母式具有很好的分类能力时,一旦用前景来分析人物参与的行动,就不能很好地说明其复杂性了。"①"碎片化"叙事的特征,正在于打破了这一理论,使有些情节激励不仅是对其他情节激励发出行为的施事主体,同时也是接受其他行动元行为的受事客体,所以也不刻意注重情节激励的发出者与接收者、辅助者与反对者的对立。特别是在极其简短的"碎片化"叙事单元中更不可能以上六种行动元一应俱全,常常简化主客体,甚或也不限于主客体二元对立,不执着于主体与客体、发出者与接收者、辅助者与反对者的分别与取舍,不将这种建立在二元论思维基础上的矛盾对立作为情节激励的基本形态,而将二者有分而无分、无分而有分作为基本形态。也许,《庄子·齐物论》的叙述在这里最为恰当:"昔者庄周梦为胡蝶,栩栩然胡蝶也。自喻适志与! 不知周也。俄然觉,则蘧蘧然周也。不知周之梦为胡蝶与? 胡蝶之梦为周与? 周与胡蝶则必有分矣。此之谓物化。"②

(二)情节模式

在前面的分析中,我们将"碎片化"叙事中任一情节激励都设置成了绝对化符号。情节激励中的任何一组,无论主体与客体、发出者与接收者、辅助者与反对者,还是其对立方,如果主体与反主体、客体与反客体、发出者与反发出者、接收者与反接收者、辅助者与反辅助者、反对者与反反对者等,都成了绝对意义上的单一符号,这种二元对立情节激励的核心,是强调情节激励之间善与恶、美与丑、是与非的矛盾对立,而且总是以一方的胜利与另一方的失败告终。如亚里士多德有这样的阐述:"一个构思精良的情节必然是单线的,而不是像某些人所主张的那样双线的。它应该表现人物从顺达之境转入败逆之境,而不是相反,即从败逆之境转入顺达之境。人物之所以遭受不幸,不是因为本身的邪恶,而是因为犯了某种后果严重的错误。当事人

---

① 巴特.叙事作品结构分析导论[M]//王泰来,等.叙事美学.重庆:重庆出版社,1987:84.
② 郭象.南华真经注疏[M].北京:中华书局,1998:58.

的品格应如上文所叙,也可以更好些,但不能更坏。"①亚里士多德并没有彻底否定矛盾对立,仍然将矛盾对立双方的相互否定作为基本形态,这就使其观点仍然湮没于矛盾冲突中,而不是其所提倡的和解之中。这种二元对立式的情节激励,简化了极其复杂的"碎片化"叙事情节模式。但在具体叙事中,如果就这样将情节激励扁平化处理,无疑会造成最终"碎片化"叙事情节模式的异识性降低。

格雷马斯在这种矛盾与对立逻辑命题的基础上进行了改造。经过改造后的格雷马斯理论为"碎片化"叙事情节模式提供了很好的借鉴。假设"碎片化"叙事单元 A 有两个情节 S_1(黑)与 S_2(白),格雷马斯认为,在情节模式中存在绝对反对的对立关系,如 S_1(黑)与 S_2(白)存在对立关系,也存在与 S_1(黑)与 S_2(白)矛盾但并不强烈对立甚至更具普遍性的矛盾关系,如 S_1(黑)与$-S_1$(非黑即红黄蓝等)或 S_2(白)与$-S_2$(非白即红黄蓝等)的矛盾关系。他指出:"这种事先加以分析和描写的基本结构应该看成是黑白对立这类二元义素范畴的逻辑发展。这种范畴的两项之间是反对关系,每一项又能投射出一个新项——它的矛盾项,两个矛盾项也能和对应的反对项产生前提关系。"②更通俗地说,就是 S_1 与$-S_1$、S_2 与$-S_2$ 作为不同义素即情节的最小单位构成矛盾体,显示一个义素否定另一义素时产生的相互排斥、相互穷尽的关系。S_1 与 S_2、S_1 与$-S_2$ 则是相互排斥、不能相互穷尽的对立物。在某种意义上说,所谓事件常常是以解决 S_1 与 S_2 的对立开始,但常常引发相应的 S_1 与$-S_1$、S_2 与$-S_2$ 的矛盾,且$-S_2$、$-S_1$ 分别就是 S_1、S_2 的前提条件。也就是一个情节模式的构成常常涉及对立关系、矛盾关系和前提关系三种关系,这三种关系加上$-S_2$ 与$-S_1$ 之间可能出现的对立关系,常常是八种具体

---

① 亚里士多德.诗学[M].陈中梅,译注.北京:商务印书馆,1996:97-98.
② 格雷马斯.叙述语法的组成部分[M]//张寅德.叙述学研究.北京:中国社会科学出版社,1989:98.

关系的聚合体,即如图 3.4 所示。

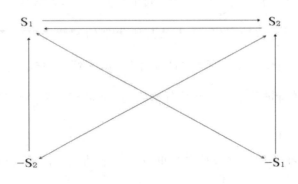

图 3.4　"碎片化"叙事情节模式

　　这种情节模式的具有普遍意义的典型义素结构可能主要包括:一是哲学模式,如保尔·利科所说:"由本质与表象的对立构成,并得到非本质和非表象这对矛盾体的补充。真相标志着本质和表象的结合,假象标志着非表象与非标志的结合,谎言标志着表象与非本质的结合,秘密标志着本质与非表象的结合。"[①]二是政治模式,作为人性代表的人与反人,即与人性相对立的权力和暴力等构成对立关系,随之引发非反人即人道与非人即人以外的其他事物的矛盾体。三是道德模式,常常由善与恶构成对立关系,由非善、非恶构成矛盾关系。四是审美模式,由美与丑的对立关系和非美与非丑的矛盾关系构成。事实上这种义素结构可以扩展至一切物质世界和意识形态之中,且真正以其情节模式构成叙事的深层结构。当然,这种义素结构在具体叙事之中似乎更复杂,常常由于各个情节激励之间关系的具体内容不同表现出并不单一的对立关系和矛盾关系,甚至可能呈现多重对立和矛盾的关系,且这种多重对立和矛盾的关系还常随具体情境的变化不断发生变化。所以可能的现象就是同一叙事激励之间的关系经常由于其意识形态具体内

---

① 利科.虚构叙事中时间的塑形[M].王文融,译.北京:生活·读书·新知三联书店,2003:93.

容不同表现出不完全相同的关系。从这一点可以见出,情节模式的叙事权力其实不仅决定于其情节激励的数量,更决定于每一个情节激励在这一模式下的本质和表象,也即情节激励的质量。

(三)情节结构

时间序列和因果关系永远是构成情节结构的基础。虽然"碎片化"叙事不同于传统叙事,并不是所有叙事情节都以事件序列作为其结构建构基础,但因为"碎片化"叙事的时间性原则,几乎所有"碎片化"叙事都必须不同程度涉及叙事时间及时间序列。所以以时间序列作为基础的时间形态的结构模式在"碎片化"叙事中更为普遍。

与传统叙事相比,因为叙事的时空增加,"碎片化"叙事的情节结构更为复杂,使得无论单线独行式,还是复线并行式等典型模式,都不可避免地具有独特的空间形态。

1.单线独行式情节结构

单线独行式结构的典型模式,主要包括"糖葫芦式"与"追灯式"两种。首尾接续式复合序列是构成单线独行式情节结构的基本时间序列。

所谓"糖葫芦式"往往由一个情节激励将众多的人物和事件串联起来,类似于串糖葫芦一样。在这种情节结构中,起串联作用的情节激励,既可以是叙事的线索人物,同时也可以是故事的目击者、参与者甚或叙述者。这一情节结构的主要特点是采用单一线索将各个不同事件按照时间或逻辑顺序串联起来。虽然事件随时间和空间发生变化,但叙事线索却一成不变。这种情节结构往往借助特定情节激励作为叙事线索,将不同时空中的人物和事件有机串联起来,使得基于时间形态的历时性结构的纵深度或故事时间长度获得无限延长。

我们假设有"碎片化"叙事单元 A、B、C,A、B 之间存在"缝合点"叙事

N_1，B、C 之间存在"缝合点"叙事 N_2，如图 3.5 所示。A、B、C 通过情节激励 S 串联。可见，在这种情况下，N_1、N_2 不仅完成了 A、B、C 之间承上启下功能，更重要的是，N_1、N_2 实际上承担了情节激励 S 的叙述功能，也就是说 N_1、N_2 的叙述内容即 S。换而言之，A、B 分别为 N_1、N_2 提供了 S 的原素材，由 N_1、N_2 完成具体叙事。N_1、N_2 的独立叙事能力在这里被放大。所以这种情况下整个"碎片化"叙事的叙事权力实际由 A、B 所具备的 S 数量以及 N_1、N_2 的叙事质量所决定。

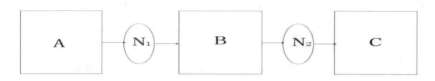

图 3.5　"碎片化"叙事"糖葫芦式"情节结构

　　与"糖葫芦式"情节结构相似，还有一种单线独行式"追灯式"情节结构。"追灯式"情节结构虽然大体上仍然采用单一线索叙事，但作为单一情节激励并不限于一个，且往往随时随地发生变化。先前出现的情节激励随着每个"碎片化"叙事单元的进行甚或结束往往不再出现。这种结构模式不再是串糖葫芦式，似乎更像通过彩灯追灯系统控制，使本来并无直接联系的单个彩灯逐个发光，并相继熄灭，以致造成灯光位移甚或追灯的感觉，所以称之为"追灯式"情节结构。这一结构模式的最大特点是没有贯穿始终的情节激励，所有人物和事件都如过眼烟云，在相应"碎片化"叙事单元中可能为主要线索人物或主要人物，但在接下来的"碎片化"叙事单元中则可能退居次要甚或一晃而过，不再出现。这类似于鲁迅所说的："全书无主干，仅驱使各种人物，行列而来，事与其来俱起，亦与其去俱讫，虽云长篇，颇同短制。"[①]

---

① 　鲁迅.中国小说史略[M].上海：上海文化出版社，2005：185.

如图 3.6 所示，我们假设有"碎片化"叙事单元 A、B、C、D，A、B 之间有"缝合点"叙事 N_1，有情节激励 S_1；B、C 之间有"缝合点"叙事 N_2，有情节激励 S_2；C、D 之间有"缝合点"叙事 N_3，有情节激励 S_3。与"糖葫芦式"情节结构最大的不同是，B、C 之间通过 N_2、S_2，并没有实现叙事情节的递进，而是出现了平行的情节结构。实际上，A、B 与 B、C 是一种情节时间上的平行结构，C、D 之间的叙事才回到了 A、B 所设置的情节平行空间结构中。也就是说，在"糖葫芦式"情节结构中，情节结构的时空观始终保持一致性，而在"追灯式"情节结构中，情节结构的时间观打破了一致性，同时也造成了空间观的平行错位。这就为整个"碎片化"叙事带来了时空结构中新的创作可能。

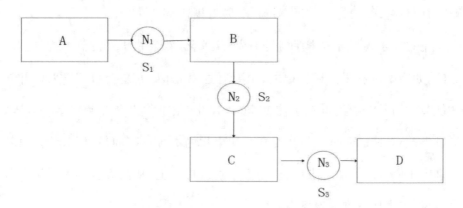

图 3.6 "碎片化"叙事"追灯式"情节结构

需要注意的是，"追灯式"情节结构并非复线并行式结构，因为相继出现并相继消失的情节激励，实际上仍然体现了一种忽隐忽现的单线独行式叙事模式，只是作为线索的情节激励不断发生变化，而"碎片化"叙事的叙事者却始终没有变化。由于这种"追灯式"情节结构类似于接力赛式，有着"你方唱罢我登场，到头来都是为他人作嫁衣裳"的现象，它可以被视为某种生命意识的象征和折射。因为生命的繁衍和生物的进化，乃至世界的运动很大程度上都具有这种你方唱罢我登场的接力赛性质，所以这不是一种松散的缺乏逻辑的情节结构,恰恰是类似宇宙生命共生共存的一种寓言式符号。

2.复线并行式情节结构

复线并行式情节结构主要包括并轨式和扇面式两种结构。

并轨式情节结构主要指有并行不悖的情节激励的结构。这种结构模式也可以称之为"多拱式"结构。这种结构下,n 个"碎片化"叙事单元中的故事情节在 n 个并行不悖的情节激励下,分别走向正面和反面。其结局往往是一胜一败、一明一暗、一显一隐、一刚一柔、一实一虚之类并轨式结构。如脂砚斋有云:"事则实事,然亦叙得有间架,有曲折,有顺逆,有映带,有隐有见,有正有闰,以至草蛇灰线、空谷传声、一击两鸣、明修栈道、暗度陈仓、云龙雾雨、两山对峙、烘云托月、背面敷粉、千皴万染诸奇。"[①]

左右并连式复合叙事序列是构成"碎片化"叙事并轨式情节结构的基本方法,如脂砚斋点评:"观者记之,不要看这书正面,方是会看。"[②]采用并轨式情节结构最大的优点在于使整个"碎片化"叙事从多角度阐释某一观点,通过类比、对照的叙事手法让受众看清事物的本真状态和最终归宿,体悟到叙事者未明言的灵犀一点处,从形而下进入形而上,从浅表叙事进入深度叙事,获得丰富而深刻的叙事内涵。

如图 3.7 所示,我们假设有"碎片化"叙事单元 A、B,两者属于平行叙事关系,A 的情节激励为 S_1,B 的情节激励为 S_2。在 S_1 情节激励下产生的"碎片化"叙事单元为 A_1、A_2、A_3……在 S_2 情节激励下产生的"碎片化"叙事单元为 B_1、B_2、B_3……

在第一段叙事(A—A_1)中,S_1 是故事的显性推动,即 A 是主线。A 通过"缝合点"叙事 N_1 进入第二段叙事(B_1—B_2)。这时 S_1、S_2 之间显隐关系互

---

① 曹雪芹.脂砚斋全评石头记[M].北京:东方出版社,2006:4.
② 曹雪芹.脂砚斋全评石头记[M].北京:东方出版社,2006:159.

换，B_1 成为叙事主线，B_1 通过"缝合点"叙事 N_2 进入第三段叙事（A_2—A_3）。以此类推，S_1 与 S_2 的显隐关系一直在互换，故事的主线也一直在 A、B 间互换。最终，最后一个"碎片化"叙事单元是 A、B 的整合，也就是 S_1 与 S_2 同时变为显性情节激励，将故事的结局推向高潮。这个结局一定包含 A_n 与 B_n，即包含了叙事哲理的多面性。

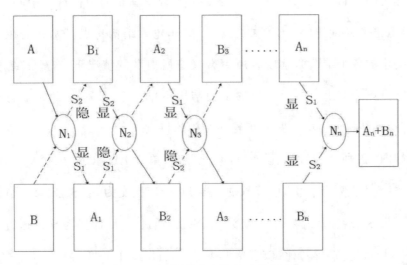

图 3.7 "碎片化"叙事并轨式情节结构

在这里，叙事权力决定于几个方面。第一，"碎片化"叙事单元个数及其包含的叙事主线个数。单元个数越多，叙事主线越多，叙事过程中显隐变化就越大，叙事权力就越大。第二，"缝合点"叙事的组织、转换叙事能力。"缝合点"叙事需要包含情节激励 S_1、S_2……情节激励越多，"缝合点"的组织叙事能力就要越强。一些情节激励从显性变为隐性，一些情节激励从隐性变为显性，同时 A—A_1—A_2……之间的显隐性，B—B_1—B_2……之间的显隐性也一直在变化，这就为"缝合点"叙事提出了极高的转换叙事能力要求。其组织、转换叙事能力越强，叙事权力越大。

与并轨式结构模式相比，似乎更具普遍性的应该是扇面式。如果复线并行式情节结构的情节激励不限于两个，而是两个以上，且并不总是并行不悖，时有聚合，也就是多个情节激励常常从四面八方汇聚到一起，这种情节结构便是扇面式结构。就像所有扇骨必须聚合丁扇把处并具有随意张合功能一样，所有情节激励必然聚集于某一"碎片化"单元。如果说确实具有聚合来自四面八方的情节激励的性质，那么这种结构实际上并不是半圆式扇面所体现的，而是有类似于所有辐条必须聚合于车轮的中枢这一中心点，乃至如《道德经》所谓的"三十辐共一毂"①的车轮式结构特点。尤其是在扇面式结构中的各个情节激励既有所聚合又有所离散的情况下，车轮式结构模式的特点更为突出。如果类似的扇面结构不止一个，便有散点分布的网络性质，这种结构便可能更具有车轮式结构的特点。

如图 3.8 所示，我们假设有"碎片化"叙事单元 A、B、C……N，A 与 B、C、D 的"缝合点"叙事为 N_1，情节激励 S_1 通过 N_1 依次变为 S_2、S_3、S_4，S_2 通过 N_2 依次变为 S_5、S_6、S_7，S_3 通过 N_3 变为 S_8、S_9，S_4 通过 N_4 后保持为 S_4。通过 N_2、N_3、N_4，依次生成"碎片化"叙事单元 E、F、G、H、I。J、K、L、M、N、O、P 的生成以此类推，不在此冗述。

如果"碎片化"叙事单元 A 不仅作为上图所示情节结构的起始点，同时也作为多个同类型扇形情节结构的起始点，那么，就会逐渐形成车轮式情节结构，如图 3.9 所示。可以看出，车轮式情节结构是所有"碎片化"叙事情节结构中最复杂的，它包含了本节所述的所有情节结构的可能。多个"碎片化"中心叙事单元重合的车轮式情节结构往往是多线索交错密布所构成的网络结构。这种结构的最大特点是表面上没有确定的或唯一的情节激励，但所有情节激励其实都可以溯源到那一个"碎片化"中心叙事单元，我们称其为元情节激励。以元情节激励为圆心，所有情节激励星罗棋布地交织在

---

① 奚侗.老子：奚侗集解［M］.上海：上海古籍出版社，2007：26.

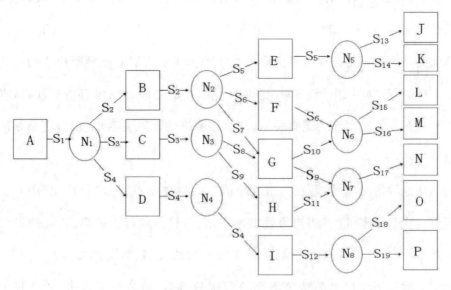

图 3.8 "碎片化"叙事扇面式情节结构

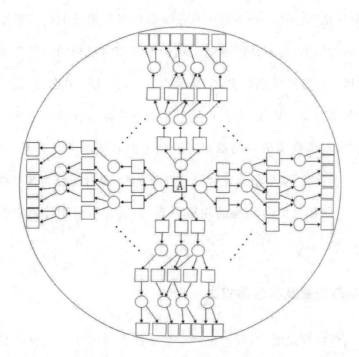

图 3.9 "碎片化"叙事车轮式情节结构

一起,构成了严密而有条理的情节结构。每一个"碎片化"叙事单元的情节只是相对于某一特定情节激励才能成为叙事线索,对于其他"碎片化"叙事单元则什么也不是。在这种由众多并无密切联系的情节激励所构成的点状分布中,所有"碎片化"叙事单元相对独立,彼此之间可以没有情节联系,有的只是某种主题方面的逻辑关系,甚至连明确的逻辑关系也没有,完全是散点分布。

在这种情况下,叙事权力由几个因素共同决定:第一,"碎片化"中心叙事重合次数越多,情节结构的叠加越多,叙事权力就越大。第二,元情节激励数量越多,情节结构基础越广,情节展开面越大,叙事权力就越大。第三,元情节激励衍生出来的情节激励分裂次数越多,情节分支越多,叙事权力越大。

在"碎片化"叙事中,并不是所有叙事都以极其明确的情节激励作为建构情节结构的依据,也不是所有情节结构都以相对模糊的情节激励作为叙事线索。所有情节激励都有主次、显隐的分别,但这种主次、显隐的分别也并不都以情节主线为依据,有些可能只是叙事视域范围所限造成的。但无论哪种情形,叙事情节的建构都离不开情节激励的时间更替与空间变换。换而言之,"碎片化"叙事情节是时间与空间并重,以时间作为情节结构的表面形态,以空间作为情节结构的深层形态,彰显着不同于传统叙事的美学特征。

二、事序设置及其叙事权力

在共时性时序维度中,我们已经对叙事事件的时序作了详细分析和阐述。但是,在"碎片化"叙事中,情节往往按照一定因果关系和时间序列构成叙事的历时性结构,并因此彰显叙事的基本特征。没有时间序列的情节可能只是描写而不是叙事,仅有时间序列也不能成为情节。真正的情节必须遵循前因后果的逻辑关系。这种时间序列和因果关系的统一,才是情节的深层结构的基本特征,才能真正构成情节事序。换而言之,只有将"碎片化"叙事逻辑与"碎片化"叙事时序结合分析,才能得出其历时性情节事序特征。

在"碎片化"叙事中,任何事件或行动的进程都可能存在情节序列,但不是所有"碎片化"叙事都必须按照时间的原始序列进行叙述。无论其情节激励如何发展,无论是否真正按照原始序列进行叙述,都不可避免地遵循行动的计划或可能性、采取或不采取行动的行为,以及行为的结果等环节。这是构成情节事序的基础。布雷蒙认为,情节事序的构成通常表现为由开始、实现和结果所构成的基本序列,也就是任何事件和行动都存在可能发生和可能不发生两种可能性。叙事者可以采取行动使这一情节或行动化为现实,也可以不采取行动,不使其化为现实。如果不采取行动,不使其化为现实,这一情节或行动便只能保持在可能阶段;如果采取行动,使其化为现实,这一情节或行动就进入实现阶段。如果叙事者使这一情节或行动进入实现阶段,叙事者就可能使这一情节或行动发展到底以致完成行动和达到目的,也可能半途而废,以没有完成行动和达到目的告终。由于这一情节或行动常涉及改善和恶化两种可能,所以可将布雷蒙基本序列模式合并为如图 3.10所示的模式。

布雷蒙的观点只揭示了情节事序的时间序列。除此之外,构成这一时间序列的事件至少还存在明显或隐秘的因果关系。福斯特有这样一段著名论述:"故事是叙述按时间顺序安排的事情。情节也是叙述事情,不过重点是放在因果关系上。'国王死了,后来王后死了',这是一个故事。'国王死了,后来王后由于悲伤也死了',这是一段情节。时间顺序保持不变,但是因果关系的意识使时间顺序意识显得暗淡了。或者再换个说法:'王后死了,

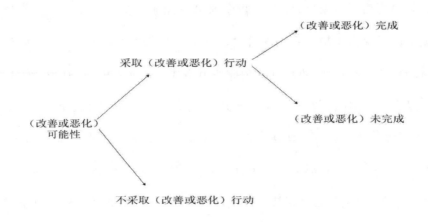

图 3.10　合并后的布雷蒙基本序列模式

没有人知道是为什么,后来才发现是由于对国王的死感到悲伤.'这是含有某种奥秘的一段情节,是能够高度发展的一个形式。"①福斯特所强调的只是表面的因果关系,虽然先后出现的情节之间并不一定都遵循前因后果的逻辑,但一般而言仍然是前为因后为果。

布雷蒙认为:"基本序列互相结合产生复合序列。这些结合的实现呈现不同的形式。"②在"碎片化"叙事中,因为叙事者自身所在空间的"现在性"时间,叙事者往往将时间序列和因果关系蕴含于重构后的复合叙事事序中。最典型的"碎片化"叙事复合序列主要有首尾接续式,即前一事件序列的结果就是后一事件序列的开始。

我们假设有"碎片化"叙事单元 A、B,其中 A 含有情节 a_1、a_2、a_3,B 含有情节 b_1、b_2、b_3。两者最简单的事序即 $a_1 \rightarrow a_2 \rightarrow (a_3 \rightarrow b_1) \rightarrow b_2 \rightarrow b_3$。$a_3 \rightarrow b_1$ 为其"缝合点"叙事。这种复合序列的特点是前因后果,环环紧扣。这种情况下,两者之间的"缝合点"叙事自然地为 A、B 时序、事序提供了统一保障。

---

① 福斯特.小说面面观[M]//卢伯克,福斯特,缪尔.小说美学经典三种.方土人,罗婉华,译.上海:上海文艺出版社,1990:271.
② 布雷蒙.叙述可能之逻辑[M]//张寅德.叙述学研究.北京:中国社会科学出版社,1989:154.

如果 A、B 之间的事序变化为左右并联式，即构成事件序列的三个逻辑阶段具有双重叙述关系，对参与叙事的某些"碎片化"叙事单元是改善事件，对对立的一方则可能是恶化事件，即 $a_1(b_1) \rightarrow a_2(b_2) \rightarrow a_3(b_3)$。这种情况最大的特点即"缝合点"叙事从 A、B 两者之间的某一部分叙事单元，似乎变为了 A、B 两者每一个叙事单元一一对应构成的整体。其实这是上一种情况的特例，这时，A、B 之间的时序与事序必须默认为统一，即 A 中每一个叙事单元的时序与事序必须与 B 中的每一个叙事单元的时序与事序始终保持等距关系。

如果我们进一步改变事序结构，将左右并联式可能出现的时序与事序空间间隙拉大，将 B 的情节序列插入 A 的情节序列，作为 A 的情节序列的某一逻辑阶段的说明和阐释，即 $a_1 \rightarrow a_2(b_1 \rightarrow b_2 \rightarrow b_3) \rightarrow a_3$，那么情况就会变得复杂起来。因为 A、B 两个叙事单元在事序改变的同时，其实已经发生了重构。事实上，A 从原来的 a_1、a_2、a_3，变为了 a_1、a_2、b_1，B 从原来的 b_1、b_2、b_3，变为了 b_2、b_3、a_3。在传统叙事中，叙事者、受众所在的时空始终与叙事时间保持一致，但在"碎片化"叙事中，叙事者、受众的时空被打碎，这样的插入式事序其实不仅改变了原事序的绝对时空，也改变了叙事者、受众与故事之间的相对时空。这时，如果要保证改变后的事序仍然逻辑连贯，并保持"大事件之中套小事件"的特征，就需要强化"缝合点"叙事的时空逻辑。在建构"缝合点"叙事的过程中，不仅要考虑事件逻辑性，也要考虑时间先后性，保持"缝合点"两端一致性，否则便会令受众产生疑惑。例如，"碎片化"叙事 A 中事件起始时间早于 B，但是在进展过程中，从 a_2 开始，B 的叙事时序开始领先，也即如图 3.11 所示。

所以，在"碎片化"叙事单元 A、B 中作插入事序处理时，如果还遵照$a_1 \rightarrow a_2(b_1 \rightarrow b_2 \rightarrow b_3) \rightarrow a_3$ 的事序，就会出现在其他事件的时序、事序保持一致的

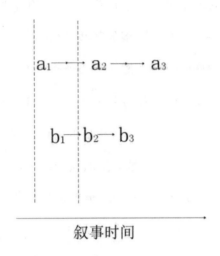

$$a_1 \longrightarrow a_2 \longrightarrow a_3$$

$$b_1 \longrightarrow b_2 \longrightarrow b_3$$

叙事时间

图 3.11　"碎片化"叙事单元 A 和 B 的时序

情况下，a_2 的时序在 b_1 之后，但 a_2 的事序却在 b_1 之前。这就造成了时序、事序的紊乱，打破了"碎片化"整体叙事事序的统一性。

所以，在"碎片化"叙事中，叙事权力的大小并不决定于基本序列与复合序列的选择，更不执着于复合序列的形式差异，而是更重视情节时序、事序"续与断"的处理。清代刘熙载说过的一段话，可以很恰当地借鉴于此："章法不难于续而难于断。先秦文善断，所以高不易攀。然'抛针掷线'，全靠眼光不走；'注坡蓦涧'，全仗缰辔在手。明断，正取暗续也。"[①]或者说，对于事件基本序列或复合序列的关注只揭示了为数不多的事件片段及其美学表征，并不能彰显整个"碎片化"叙事的美学表征。唯其如此，要实现"碎片化"叙事整个序列的统一性，就要关注灵活多样的叙事手法，如刘熙载所谓："叙事有特叙，有类叙，有正叙，有带叙，有实叙，有借叙，有详叙，有约叙，有顺叙，有倒叙，有连叙，有截叙，有豫叙，有补叙，有跨叙，有插叙，有原叙，有推叙，种种不同。惟能线索在手，则错综变化，惟吾所施。"[②]只有灵活运用这些

---

① 刘熙载.艺概·文概[M]//叶朗,等.中国历代美学文库:近代卷.北京:高等教育出版社,2003:20.
② 刘熙载.艺概·文概[M]//叶朗,等.中国历代美学文库:近代卷.北京:高等教育出版社,2003:291.

叙事手段,巧妙地提高时序与事序的统一性,才能提高整个"碎片化"叙事的叙事权力。

三、体态设置及其叙事权力

传统叙事学向来倾向于将叙事划分为抒情叙事、叙述叙事、叙述—抒情叙事三大类。显现于以上体态中的叙述理所当然包括叙述体叙述、抒情体叙述和表象体叙述,乃至纯粹叙述、抒情叙述和表象叙述三种。柏拉图指出:"诗歌与故事共有两种体裁:一种完全通过模仿,就是你所说的悲剧和戏剧。另外一种是诗人表达自己情感的,你可以看到酒神赞美歌大体都是这种抒情诗体。第三种是二者并用,可以在史诗以及其他诗体里找到,如果你懂得我的意思的话。"①柏拉图所谓的模仿形式、抒情形式和混合形式分别具有表象叙述、抒情叙述和纯粹叙述的性质。至于热奈特对柏拉图思想的概括更明晰,其所谓纯叙述形式、模仿形式和混合形式分别是纯粹叙述、表象叙述和抒情叙述。"碎片化"叙事并不执着于这种分类,但同样有诸如此类的叙述体态,如叙述体叙述、抒情体叙述、表象体叙述。所谓纯粹叙述、抒情叙述、表象叙述分别是叙述体叙述、抒情体叙述和表象体叙述的典型形式。

（一）纯粹叙述体态

叙述体叙述是最基本的主观与客观相结合的叙述体态,可直接以人物内心独白和言语方式客观叙述,也可用叙述话语的方式主观叙述。

这种叙述常常有将零散的客观叙述片段续接成完整故事情节的功能,也可以貌似客观的主观叙述将叙事者主观情感潜伏其中。与叙述体叙述最接近的常见形式是纯粹叙述。所谓纯粹叙述,就是叙事者将一系列具有时间序列和因果联系的虚构或真实事件,以及不同事件之间的诸如对比、衔接

① 柏拉图.理想国[M].郭斌和,张竹明,译.北京:商务印书馆,1986:96-97.

与重复等关系,运用口头或书面叙述语言讲述出来传达给受众的叙述方式。其中用来讲述事件的语言即叙事语言,讲述事件所涉及的讲述者和接受者,所讲述事件和各自之间的对比、衔接和重复等关系,以及时间序列和因果联系,是所有叙述方式的共同性质。与抒情叙述和表象叙述不同的是,纯粹叙述并不十分重视叙事者情感的抒发和现实世界自然物象的模仿,更重视事件乃至事件之间的时间序列和因果联系,要求所讲述的事件必须在时间上构成一定序列,而且这种序列常常是严密因果联系的产物,也就是具有先前事件是后来事件的原因,后来事件必然是先前事件的结果的性质。时间上具有严密因果联系的一系列事件的叙述,常常使这种纯粹叙述具有丰富复杂的矛盾冲突和波澜起伏、曲折动人的故事情节。以偶然性与必然性、逻辑性与合理性、曲折性与生动性、丰富性与变化性相统一的故事情节取胜是纯粹叙述的特点。所谓"层层相因,节节贯注""前因后果,入情入理"以及"意料之外,情理之中"等特点,其实就是纯粹叙述优势的体现。纯粹叙述的另一特点是强调叙述客观性与主观性的统一,往往直书其事,不加断语,其是非自见,但偶尔也可以叙述之中加以议论。

"碎片化"叙事中,纯粹叙述常常没有关于因果关系和时间序列的添枝加叶式辅助描写和说明,仅列其情节梗概,甚至将因果关系也隐藏其中,使人通过仔细琢磨略知梗概。假设有"碎片化"叙事单元 A,A 中包含有情节 a_1、a_2、a_3、a_4,这四个情节均未进行辅助说明乃至描写,但因果关系仍历历在目:a_1 的情节导致了 a_2,a_2 的情节导致了 a_3,a_3 的情节导致了 a_4。总之,A 的叙事之所以成立,皆因 a_1、a_2、a_3、a_4 的情节惯性。虽然在整个 A 的叙事中,没有具体说明 a_1、a_2、a_3、a_4 的前因后果,但这种因果关系常常不言而喻,明显呈现陈陈相因、环环紧扣的特点。这种纯粹叙述,可称之为显性纯粹叙述。且由于所有这系列事件都因为连贯性而相继发生,所以在某种意义上还可称之为总分因果显性纯粹叙述。

在较复杂的"碎片化"叙事组中,"碎片化"叙事单元和情节个数增多,在一定程度上总分因果显性纯粹叙述具有复合序列性质,因此其总分因果显性纯粹叙述在更曲折生动的同时,也更为复杂。假设有"碎片化"叙事单元A、B、C,其情节分别为 a_1、a_2、a_3,b_1、b_2、b_3,c_1、c_2、c_3。A、B中除了为数不多的情节具有补充说明和描写性质,其他绝大多数基本都是叙述,因此都属于纯粹叙述。但这两个叙事单元的纯粹叙述,涉及了多个层次的显性总分因果关系:从整体层次看来,A、B两个"碎片化"叙事单元虽然相互独立,但A、B中的叙事却都可能是因为C的叙事而引发。这可以说是第一层次的总分因果纯粹叙述,即 a_1、a_2、a_3、b_1、b_2、b_3 均由 c_1、c_2、c_3 引发。但如果A、B与C之间的关系不是整体性触发,而是A、B中不同数量的情节由C中不同情节触发,那么就会进入第二层次。就第二层次而言,存在更具体的因果关系,逻辑也更为复杂。例如,a_1、a_2 可以因为 c_3 触发,a_2、b_1 可以因为 c_1 触发。通过排列组合,我们可以看出,A、B、C 三个"碎片化"叙事单元可以构成 $\sum_{R=3}(A_3^3 + B_3^3 + C_3^3)$ 即 216 层总分因果纯粹叙述。如果我们将"碎片化"叙事单元数量及情节数增加,那么将会得到 $\sum_{R=\infty}(A_k^k + B_m^m + C_l^l)$ 种层次划分。

可以见出,随着"碎片化"叙事单元数量及各自情节数增加,纯粹叙述体态的建构就会越发复杂,叙事可能性就越多,叙事权力就越大。

但要注意的是,A与C、B与C之间还存在一种是否得到明确宣示逻辑关系的隐性因素。例如受众能从A与C之间明显、直接地看出联系,而B与C之间则需要通过进一步演绎、推理或归纳才能得出联系。这种基于是否得到明确宣示和标识的分别标准,仅具有区别公开原因纯粹叙述与隐瞒原因纯粹叙述的功能。但这种区别仅是一种表象,因为无论是否明确宣示和标识事实上都不难为受众最终识别。只是前者往往被叙事者明确提出,后者尚未被明确说明。事实上还有一种较为复杂的纯粹叙述,不仅在某种程度上融合一定抒情叙述和表象叙述成分,使事件本身显得枝繁叶茂、细腻逼真,且闪烁其词,故意制造甚或大肆渲染一些事件或细节,以设置悬念、转移或扰乱受众注意,以致增加受众获得正确信息的难度,继而又逐一排除,最终水落石出。这种故意制造假象以迷惑读者,甚或增加悬念和认识真相难度的纯粹叙述,显然能使这种纯粹叙述因为曲折复杂、摇曳多姿形成扑朔迷离的感人效果。虽然这种曲折纯粹叙述可能因为设置悬念而增加难度,可一旦真相大白,便能事半功倍,产生发人深思的效果。这种发人深思的效果常常因叙事者对待事物的态度呈现出不同层次和境界。最低层次和境界的纯粹叙述常常将同情和怜悯仅限于与叙事者自己有相似或相同出身、经历和遭遇的某一类人。甚至可以说,亚里士多德的悲剧理论基本也属于这一层次和境界。这种纯粹叙述的同情和怜悯能最大限度集中于某一特定阶层或阶级,但往往将这一类人的遭遇和悲剧归咎于与这一类人不同或对立的另一类人。更高层次和境界的纯粹叙述常常将同情和怜悯指向所有人,表现为对人类的普遍同情和怜悯,但往往将人类的遭遇和悲剧归咎于自然界其他事物。最高层次和境界的纯粹叙述往往将同情和怜悯投向自然界乃至宇宙所有事物,并不简单地将某一类事物的遭遇和悲剧归咎于另一类事物,而是更多从自身乃至宇宙普遍规律的角度寻找问题的症结。

(二)抒情叙述体态

抒情体叙述主要是主观叙述,是"碎片化"叙事者在主观抒情过程中自然的情感发展。在"碎片化"叙事的偶然性逻辑与事件叙事的因果逻辑交错下,这种叙述不仅是叙事者主观情感的自然流露,而且是使叙事显现最逼真、最圆满的主观情感意义的主要叙述方式。抒情体叙述所叙述的事件常常是主观情感化了的事件,是作为抒情成分和因素才具有价值和意义的叙述。这种叙述的主观性较之纯粹叙述明显有所加强。

与抒情体叙述最接近、最普遍的形式是抒情叙述。抒情叙述似乎并不十分强调事件的时间序列和因果联系,相形之下更重视叙事者情感的抒发。对于"碎片化"叙事,通常而言抒情体叙述适用于"碎片化"叙事单元,而抒情叙述更适用于"缝合点"叙事。尤其是当"缝合点"叙事为"留白"叙事时,抒情叙述更是一种诗性叙述。

这种所谓诗性叙述,是叙述与抒情的有机结合。这种诗性叙述往往源于"碎片化"叙事者在潜意识中出现的带有一定强制性和不可违背性的诗性直觉、诗性认识、诗性体验甚至诗性经验,并通过某种无法预测和遏制的情感与理智形式融合于"缝合点"叙事之中,不仅将"缝合点"叙事中具有一定时间序列和因果关系的系列事件有机联系起来,并且赋予其不可或缺的诗性特质。这种叙述方式不仅表现为穿插于"缝合点"叙事中的大量空镜头段落所蕴含的诗情画意,而且在表面的客观叙述之中也不乏浓郁的诗情画意。

沈从文曾说:"个人以为应当把诗放在第一位,小说放在末一位。一切艺术都容许作者注入一种诗的抒情。"[①]"缝合点"叙事的诗性叙述常常以纯粹叙述体态作为其建筑基础,将源于无意识和潜意识层面的关于生命的诗性直觉、诗性情感、诗性认识、诗性体验和诗性经验作为不可或缺的建筑和装潢材料一并纳入客观叙述的框架结构之中,使"缝合点"叙事成为一个完全自足的叙事单元。表面上看,"缝合点"叙事的诗性叙述通常区别于"碎片化"叙事单元的抒情、议论、描写、说明等其他表达方式,但深层而言,这种诗性叙述其实是"碎片化"叙事单元抒情、议论、描写甚至说明等各种表达方式的集中显现。或更加准确地说,就是将"碎片化"叙事单元的抒情、议论、描

---

① 沈从文.沈从文全集[M].太原:北岳文艺出版社,2002:505.

写、说明一并消融于诗性叙述之中,借助诗性叙述达到抒情、议论、描写、说明同样目的的表达方式。

所以,在"缝合点"叙事的诗性叙述中,叙述所建筑的仅仅是基本框架结构,抒情、议论、描写、说明才是构成整个叙事世界不可或缺的建筑和装潢材料。正是这种消融于诗性叙述之中的抒情、议论、描写和说明才真正赋予了"缝合点"叙事连接不同"碎片化"叙事单元间鲜活的人物性格和曲折故事的可能性,使"碎片化"叙事单元和"缝合点"叙事一道形成别具一格的诗性意境。整个"碎片化"叙事不再是一种单纯的事件陈述,更是一种对事件及其参与者和场景的诗性直觉、诗性认识、诗性体验和诗性经验的表达,是一种真正意义上的诗性意境。换而言之,"缝合点"叙事特别是"留白"叙事,是整个"碎片化"叙事的境界最高值,如图3.12所示。

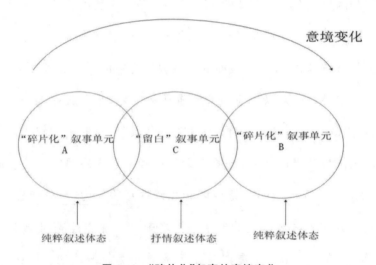

图3.12 "碎片化"叙事的意境变化

从结构上讲,"缝合点"叙事往往与两端"碎片化"叙事情节关联紧密,所以"缝合点"叙事的诗性叙述应分为三类,如图3.13所示,A、B、C、D为"碎片化"叙事单元,N_1、N_2、N_3为"缝合点"叙事单元。第一类,作为整个"碎片化"

叙事开头部分的"缝合点"叙事,也即诗性叙事的"引子"。这类"缝合点"叙事每每采用宏观的切入视野,而接下来的"碎片化"叙事单元本身也借助作为"引子"的"缝合点"叙事制造情境、烘托氛围、集中受众注意力,将引发受众高度兴趣的功能发挥到极致。第二类,作为整个"碎片化"叙事中间部分的"缝合点"叙事,这类"缝合点"叙事画龙点睛般地穿插于"碎片化"叙事,作为对主要叙事情节的辅助说明、形象描写乃至题旨延伸,帮助故事凝练主题、提升意境。最后一类,作为整个"碎片化"叙事结尾部分的"缝合点"叙事,这类"缝合点"叙事类似于情节结束后的"尾声",起到呼应引子、重申主题、增强韵味的功能。

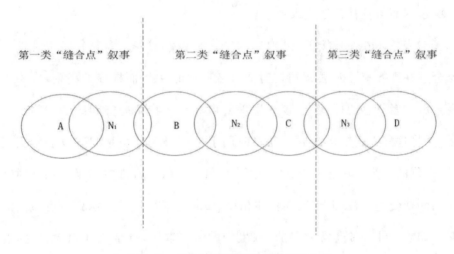

图 3.13　"缝合点"叙事的诗性叙述分类

所以,在保持"碎片化"叙事单元叙述体态不变的情况下,"缝合点"叙事单体的诗性叙述程度越高,三类"缝合点"叙事在叙事线上展开越平均、越密集,抒情叙述的能力越强,叙事者主导叙事意境的能力就越强,叙事权力就越大。值得一提的是,如果一个"碎片化"叙事者能在不露声色的客观叙述之中成功达到"留白"叙事的诗性化境界,使受众感到强烈而浓郁的诗性化特质,这就不能不说叙事者手段高妙。

（三）表象叙述体态

"碎片化"叙事中，表象体叙述主要是客观叙述。在表象体叙述之中，占据主体地位的是现实世界自然物象的表象，而不是叙述，叙述仅仅是表象的一种手段，所以表象体叙述往往最为客观。这种以叙事者语言方式所进行的主观叙述以表象作为终极目的，一般采用叙事者直陈和人物假代两种方式，这两种叙述虽然美学表征有所不同：叙事者直陈往往简洁明了、要言不烦，人物假代则常常显得繁复而细致。在传统叙事中，为了不打破故事视角的统一性，常常采用人物假代的方式。但"碎片化"叙事的重构过程，本身就是一次不同事件视角的重新统一，所以叙事者直陈的方式可以随着视角改写的过程而潜移默化地进入叙事。

与表象体叙述最接近、最常见的形式是表象叙述。表象叙述常常并不十分重视纯粹叙述所强调的在时间上依赖因果关系而构成的序列，也不大看重叙事者情感的抒发，比较重视现实世界自然物象的空间结构之间的联系，并将这种空间结构的联系通过时间上的因果关系联系起来以显示其运动、变化的态势。在这种叙述方式之中，虽然所叙述事件的因果关系和时间序列同样受到重视，但与纯粹叙述相比，表象空间结构的显示更具有重要意义。如果说纯粹叙述常常以曲折、生动的情节取胜，抒情叙述以含蓄、深邃的诗性意境或强烈情感取胜，那么表象叙述往往以丰满的人物细节和细腻的景物描写取胜。或更准确地说，表象叙述通过人物、场景的表象及其因果关系和时间序列构成叙述结构，并且成为一种独特的叙述方式。表象在这种叙述中具有其他叙述方式所没有的独特作用和意义，这就是表象本身具有了叙述功能。

"碎片化"叙事基于"物以类聚，人以群分"对视原理的表象叙述，也呈现于抒情叙述体态之中，只是这种抒情叙述仍不失表象叙述的性质。虽然这种基于对视原理的表象叙述可能并不具有叙事时间和空间的共同性,但在许多情况下无疑有透视表象的时间和空间共同性,甚至潜藏着某些不为人知的神秘心理规律以及由此达到的不同境界。"碎片化"叙事的表象叙述常常并不仅仅借助眼睛这一视角,这主要因为人们的视觉思维很大程度上不仅依赖眼睛,且依赖心理,心理视角可在很大程度上补充和完善眼睛视角,且能在内聚焦基础上达到展示表象者心理世界的目的。"碎片化"叙事借助人物和场景的外在表象在时间上的变化及导致这种变化的每一个因果关系构成叙述,甚至任何一个无须解释的表情变化和场景变迁都可能以潜在因果关系作为诱因,只是这种诱因并不经常由叙事者自我言说和解释,但它像一股潜流始终存在甚至贯穿于人物变化和场景变迁之中。

表象在这种叙述方式中不仅是构成叙述单元的重要因素,而且其在时间上的承续及这种承续所依赖的因果关系本身也具有了叙述的性质,甚至成为一种极其重要的叙述方式。表象叙述从来不限于眼睛视角,同时也兼及心理视角,这可能只是由于人类的视觉思维从来不仅仅是视觉单独发生作用的产物,更是包括大脑思维在内的所有知觉共同作用的必然结果,所以表象叙述并不仅限于人物和场景的表象,甚至包括人物的心理。

网络"碎片化"时代的发展不仅为叙事者提供了新的叙事手法,同时在拍摄技术上有了突飞猛进的发展:4K、延时摄影、航拍器、稳定器……在这些新技术新手段的支持下,"碎片化"叙事更擅长人物和场景的外在现象的表象。同时这种外在现象的表象因为"碎片化"叙事特征,不同于传统写实主义的定点透视,更多具有散点透视性质,甚至超越散点透视限制,见诸想象等心理活动,使类似写实的表象无疑有了超乎寻常散点透视的全方位透视性质,以致有很大程度失真的情形,但正是这种有些失真的表象叙述才真正最大限度彰显叙事者的主观意象乃至再造的特点,使叙事者重构叙事时的心理世界在不露声色的表象叙述中暴露无遗。所以,在"碎片化"叙事中,心理表象其实占据更重要的地位。

换而言之,如果说作家不是写他看到的东西,而是写他需要看到的东西,那么同样的道理,在许多情况下,叙事者与其说是叙述他所叙述的东西,不如说是叙述他想要叙述的东西。唯其如此,叙事者总是自觉或不自觉地叙述他所喜欢叙述的表象,而不是叙述他看到的所有表象。具有一般感知能力的叙事者总是关注事物的外貌,具有较高体验能力的叙事者常借助外貌看到事物的品质,而具有更高感悟能力的叙事者往往能看到事物的灵魂。唯其如此,关于表象叙述最起码可以概括为外貌、品质和灵魂三个层次。也就是最浅表的表象叙述关涉外貌,较深层次的表象叙述涉及品质,更深层次的表象叙述切入灵魂。或较低层次的叙事者只满足于外貌层次的表象叙述,较高层次的叙事者擅长于品质层次的表象叙述,更高层次的叙述者精通于灵魂层次的表象叙述。事物的真相往往只有看清本质的人才能识得,其他人常常停留于外貌层次。这虽然是一种极其普遍且寻常的现象,但在"碎片化"叙事中,却有极为重要的价值和意义。

"碎片化"叙事建立在不同层次和境界基础上的人物对视更能见出表象叙事的作用。类似于"仁者见之谓之仁,智者见之谓之智"或者"物以类聚,人以群分",叙事者在建构"碎片化"叙事单元组时,不仅要考虑故事情节的发展,也要考虑人物的相互匹配。我们假设有"碎片化"叙事单元 A、B、C,每个"碎片化"叙事单元中只有一个人物,分别是 p_1、p_2、p_3。从情节角度考虑,无论是 A→B→C,还是 B→C→A,都可以重构出"碎片化"叙事。但是,这两种情况的"缝合点"叙事是不同的。第一种情况,是由 AB、BC 建构"缝合点"叙事;第二种情况是由 BC、CA 建构"缝合点"叙事。这就意味着第一种情况的"缝合点"叙事中,人物互视关系是 p_1—p_2、p_2—p_3,第二种是 p_2—p_1、p_1—

p_3。这时，就需要比较 p_1—p_2 与 p_1—p_3 两者的匹配程度。哪一种匹配程度较高，"碎片化"叙事就应该建构在这一匹配关系上。除人物之外，场景、事物的匹配原则同理，在此不赘述。但是，如果每一"碎片化"叙事单元中的人物不止一个，就需要做叙事单元内外的相对比较，根据相对比较"两利相权取其重"，选择最终建构方式。总之，表象叙述中，表象层次匹配度越高，不同"碎片化"叙事单元之间转化越流畅，叙事权力也就越大。

还需要注意的是，实际情况中，不同层次的表象叙述一般建立在较低层次表象叙述的基础之上，较高层次的表象叙述常常在超越较低层次表象叙述的同时又包含较低层次的表象叙述。所以，"碎片化"叙事表象叙述往往借助叙事过程中某些人物来实现，但人物所达到的表象叙述境界并不完全等同于整个"碎片化"叙事所达到的表象叙述境界。

第三节 "式"的构建

"碎片化"叙事中，"式"应分拆为三部分：叙事声音、叙事视角、叙事视域。

一、声音设置及其叙事权力

在"碎片化"叙事中，叙事者是不同于故事中人物、独立存在的故事世界的真正创造者。如沃尔夫冈·凯瑟指出的："小说叙述人不是那个虚构的，常常一上来就亲切感人的人物。在这个面具背后，是小说自己在叙述，是无所不知、无所不在的精神在创造世界。这种精神通过其本身的形成，叙说、运用创造性的词汇，构造并展现了一个绝无仅有的新世界。"[1]或如瓦纳·C.

---

[1] 凯瑟.谁是小说叙事人[M]//王泰来,等.叙事美学.重庆:重庆出版社,1987:120.

布兹所阐述的叙述者与隐含作者、故事中人物、读者可以保持一定距离的事实①。这其实只是强调叙事者的重要性，并不体现其在叙事中的终端显现形式。

在传统叙事中，我们往往是通过叙事视点对叙述进行分析，因为大多数叙事视点的变化都是在故事内部。但在"碎片化"叙事中，叙事者在重构过程中，不可避免地将自己的身份重新带入整个"碎片化"叙事，所以这里我们引入叙事声音的概念。叙事者最终以其叙事声音在叙事过程中获得终端显现。所谓叙事声音是叙事过程中区别于叙事者和非叙述性人物声音的叙事者叙事声音，是"碎片化"叙事意蕴的重要显现形式之一。詹姆斯·费伦认为："声音是叙述的一个成分，往往随说话者语气的变化而变化，或随所表达的价值观的不同而不同，或当作者运用双声时变换于叙述者的或人物的言语之间。""声音是叙述方式的重要组成部分，表明叙述的方法而非叙述的内容。即是说，如文体一样，它显然是一个机制（有时是一个关键的机制），用以影响读者对人物和事件的反应和理解，而这些人物和事件恰恰是叙述的要点。"②

虽然任何叙述本质上都是"碎片化"叙事者的叙述声音，但作为叙事声音在叙事中的具体表现，毕竟有所不同。苏珊·S.兰瑟把叙事声音概括为作者、个人和集体的叙事声音模式，认为这些叙述声音的差异主要表现在："每一种模式不仅各自表述了一套技巧规则，同时也表达了一种类型的叙述意识，这样也就表述了一整套互相联系的权力关系和危机意识、清规戒律可能的机遇。"③在苏珊·S.兰瑟分类的基础上，参考柏拉图和亚里士多德的观点，我们可以将"碎片化"叙事声音分为叙事者叙事声音、人物叙事声音和交

---

① 布兹.距离与视角：类别研究[M]//王泰来，等.叙事美学.重庆：重庆出版社，1987：138-139.
② 费伦.作为修辞的叙事[M].陈永国，译.北京：北京大学出版社，2002：22.
③ 兰瑟.虚构的权威[M].黄必康，译.北京：北京大学出版社，2002：17.

互叙事声音三种类型。

(一)叙事者叙事声音

叙事者叙事声音,就是叙事者虽不直接参与故事,但可作为故事的叙事者以自我身份讲述事件,甚至可以对事件和人物进行解释、判断和评论的叙事模式。这种叙事者叙事声音,就是柏拉图所谓的"诗人自己在讲话,没有使我们感到有别人在讲话"[①]。也是亚里士多德所谓的"以本人的口吻讲述"[②]。在这种叙事声音中,叙事者并不是叙述世界的直接参与者,而且与叙述世界中的人物处于完全不同层面。叙述世界中的人物不与叙事者的现实世界、当下时空发生直接关系。虽然在现实世界中他们可能也曾发生过实际联系,但在作为叙述世界中的人物被叙述时就产生了疏离,这使叙述世界之中的人物成为叙事者的叙述对象。在这种叙事声音中,叙事者是在叙述世界之外进行叙事,是一种故事外叙事。而且虽然以个人身份叙事,但这个个人身份确实具有不同寻常的作用和意义,常常把作为叙事者的自我装扮成为社会良知和正义的化身,总是尽可能排除个人因素的不必要干扰和歪曲,总是以所谓极其公正、无私、客观的方式介入叙述世界,使这种叙述具有无可争辩的权威叙述性质。这种叙事声音不仅因此具有至高无上的权威性,而且有一个更加突出的特点,就是叙述世界常常将叙事者与隐含叙事者并不作一定区分,且表现出某种程度的一致性,如布斯所说"作者与隐含的、非戏剧化的叙述者之间并无区别"[③]。所谓隐含作者就是叙事中的虚拟叙事者,即通过叙事者的意识形态和价值标准及选择显示出来的虚拟叙事者,叙事者和隐含叙事者的一致性意味着叙事者对事实的讲述和评判符合隐含叙事者的视角和准则,是一种可靠叙述。这种叙事声音同时具有布斯所谓"非

① 柏拉图.理想国[M].郭斌和,张竹明,译.北京:商务印书馆 1986:95.
② 亚里士多德.诗学[M].陈中梅,译注.北京:商务印书馆,1996:42.
③ 布斯.小说修辞学[M].华明,胡晓苏,周宪,译.北京:北京大学出版社,1987:169.

戏剧化叙述者"的性质,就是布斯所说的"大多数故事是通过'我'或'他'之类讲述者的意识来叙写的。甚至在戏剧里,许多东西都是经由某一人物的叙说我们才得知的"[①]。

在这种叙事声音中,叙事者或仅仅以极客观的方式叙述叙事世界之中的人物及其言语和行为,并不十分看重叙事者主观态度的显露。这种叙述模式常被视为现实主义叙事的主要风格。但这并不意味着一切叙事者叙事声音的叙述模式都是含蓄性声音,有时候同样存在外露性叙事者叙事声音,就是叙事者虽不是叙述世界中的一个人物,但可以通过旁观者和叙事者的有利地位不时表露自己对事件及其参与者的看法及认识和评价。这种外露性叙事者叙事声音虽被认为由于叙事者对叙述世界的阐释、评价和议论并不总是与隐含叙事者的标准尺度完全一致,以致影响了叙述的权威性。但这种主观叙述如果符合历史事实,与隐含作者的价值尺度一致,分明具有使客观叙述所蕴含的意义更显露的特点,不过这种意义显露似乎只对理解能力比较有限的读者更具有价值和意义,对真正具有实践经验和理论思维的受众来说,其价值和意义显得并不怎么重要。对这一类受众,从叙述世界总结出来的寓意似乎更丰富和深刻,至少更接地气、更地道。

虽然如刘熙载所说"叙述不合参入断语"[②],但实际情况中,"碎片化"叙事中的叙事者叙事声音一般情况较为含混,如果受众不十分在意,甚至都可能意识不到有这么一个声音。这是因为极其客观的叙事声音,往往掩盖于叙事行动之中,给人极客观真实的感觉。但这并不意味着叙事者叙事声音永远含蓄甚或隐蔽,适当的时候总是以各种方式彰显其存在,最为常见的做法是在叙事开头直接以第一人称亮明身份、抛头露面。

---

① 布斯.小说修辞学[M].华明,胡晓苏,周宪,译.北京:北京大学出版社,1987:170.
② 刘熙载.艺概·文概[M]//叶朗,等.中国历代美学文库:近代卷.北京:高等教育出版社,2003:276.

这种叙事者叙事声音依次呈现出两种表征：一种虽是客观叙述，但叙事者"我"的角色较为明朗；一种纯属叙事者"我"的主观议论或抒情，其叙事声音更突出。最具特色的是真实叙事者或虚拟叙事者真假难辨的叙事声音。这种叙事声音或在"碎片化"叙事单元中并不出现直接的第一人称，却常常借助在"缝合点"叙事中出现的一系列转折，彰显作者叙事声音的存在。这种真假难辨的叙事者叙事声音虽然基本上是客观的，但其实已经在一定程度上标示了叙事者的存在，至少宣示了叙事者的某些话语权和取舍权。

较之这类较为隐蔽含蓄地暗示或宣示自身存在的叙事者叙事声音，还有一种虽不以"我"的身份宣示作为叙事者身份的存在，但通过诸如在"缝合点"叙事中穿插自身评论等做法，更明显地表达对受众的关注和呼唤，借此更鲜明地宣示了叙事者叙事声音的存在，彰显叙事者对叙述的控制权，这便是近隐蔽叙事者叙事声音。这种叙事者叙事声音的最公开的状态，是不直接以"我"的身份直接抒情和议论，但总是借助自己或他人的观点进行抒情和议论，且抒情和议论多蕴含哲理，经常与整个"碎片化"叙事的因果联系起来。

隐藏的叙事者叙事声音最大特点是不以叙事者"我"的身份直接抛头露面。虽因为隐蔽程度不同而有全隐蔽、隐蔽和近隐蔽三种形态，但大体都呈现最为尊重故事发展自身规律的特点。比较而言，公开的叙事者叙事声音往往由叙事者以"我"的身份直接抛头露面，以公开宣示作者叙事声音的存在。事实上公开的叙事者叙事声音同样有程度区别，依公开程度可分为近公开、公开和全公开三种。在这里，近隐蔽与近公开叙事者叙事声音，其实是重合的，都既有隐蔽的成分，也有公开的成分，不同的仅仅是有没有以"我"的身份直接露面。没有直接露面的便是近隐蔽叙事者叙事声音，直接露面的便是近公开叙事者叙事声音。这仅仅是"我"是否出面的表面形态，实质没有多大差别。近公开叙事者叙事声音虽然以"我"的身份直接抛头露面，但只是作为叙事素材的收集者、整理者显示其存在，并未在很大程度上宣示自己对重构叙事的话语权。

与近公开叙事者叙事声音不同，有些叙述声音则宣称对故事的叙述有一定处理权，至少在叙述的时间顺序安排上有选择权，这便是公开叙事者叙事声音。这种叙事者叙事声音在一定程度上已经明确宣示了自己对故事先后顺序的处理权。虽然这种处理在"碎片化"叙事中都不可避免，但并不是所有叙事者叙事声音都承认并直接陈述这一点。这便使得公开叙事者叙事声音拥有了更大叙事权利。

至于全公开叙事者叙事声音则更大胆，甚至在很大程度上彰显叙事者对叙述的主导权乃至话语权。这种叙事者叙事声音不遮遮掩掩，不仅以"我"的身份显示叙事者叙事声音的明确存在，而且更直截了当地加以评价和议论，使叙事者叙事声音更具权威性和真实性。这不仅是一种自信的寓言式展示，而且也是意识形态的一种宣示。

其实公开叙事者叙事声音中的"我"也可看成"碎片化"叙事中的人物，如此说来也是一种人物叙述声音，且是一种较为别致的人物叙述声音。只是由于"我"作为人物，并未过多地参与故事的发展进程，尤其没有决定故事发展方向的选择，并不具有严格意义的人物性质，所以勉强归之于叙事者叙事声音还是有一定道理的。而且叙事者也确实试图以此强调叙事者身份的存在，虽然这种叙事者身份也可能只是一种隐含叙事者而非真实叙事者，但这种叙事者叙事声音的创造和设置显然有许多考虑，至少使叙事者，确切地说是隐含叙事者，有独立的存在价值和意义。

可见"碎片化"叙事中的叙事者叙事声音实际包括两大类，即隐蔽叙事声音与公开叙事声音。相对来说，隐蔽叙事声音是叙事者并不以"我"的身份直接进行叙述的极客观甚或一般不易察觉叙事者身份的叙事者叙事声音,公开叙事声音虽然也较为客观,但叙事者往往以"我"的身份进行叙述,通过直接声明甚或议论和抒情来强化作为叙事者的"我"的话语权,也间接加强了叙事者的叙事权力。

但需要注意的是,叙事者叙事声音作为公开叙述声音是存在缺憾的。其缺憾类似于穆木天所谓的"有生命的现实化成为机械的公式",不在于"减少了作品的真实性",不在于"很容易使作者把他的人物理想化而甚至过分地理想化"①,而在于很大程度上限制叙事者叙述的时间和空间向度,以致很难形成真正意义的"碎片化"叙事组。

(二)人物叙事声音

人物叙事声音是叙事者作为叙述世界的参与者以叙述世界之中的人物身份直接对故事加以叙述的叙述模式。所谓人物叙事声音就是柏拉图所说"当他讲道白的时候,完全像另外一个人","完全同化于那个故事中角色"②,就是亚里士多德所说"进入角色"③。这种叙事者作为叙述世界之中的人物所进行的叙述显然具有故事内叙述的性质。这种叙述模式中的叙事者可以是貌似叙事者的"我",在纪实叙事中也许就是叙事者"我",也可以是完全不同于叙事者的"他"。但无论是"我",还是"他",其实都是叙述世界之中的独立存在的人物。如果这个被叙事者安排做讲述者的人物是叙述世界中的主人公,其叙述就具有自身故事叙述的性质。尽管如此,这种叙述模式中的叙事声音仍然不是叙事者自我的声音,即使叙事者作为讲述者进行纪实叙事,其独立存在的人物身份决定了纪实叙事之中讲述者与隐含叙事者相一致的可靠叙述的性质十分有限。因为既然作为讲述者介入叙述世界,成为叙述

① 陈思和,等.中国现代文论选[M].上海:上海教育出版社,2010:239.
② 柏拉图.理想国[M].郭斌和,张竹明,译.北京:商务印书馆,1986:342.
③ 亚里士多德.诗学[M].陈中梅,译注.北京:商务印书馆,1996:42.

世界中的一个人物,其本身叙述视界的开阔程度就必然受到活动范围和知觉范围的限制。且由于其本身成了叙事对象,并具有了被叙述的独立地位和意义,其阐释、评价和判断的客观、公正与准确性就必然受到影响。这种叙述声音具有布斯所谓"戏剧化的叙述者"的性质。在这种叙述声音中,许多作者"把叙述者完全戏剧化,把他们变成与其所讲述的人物同样生动的人物……在这样的作品中,叙述者与创造他的隐含作者往往根本不同。作为叙述者,被戏剧化了的人的诸种类型,其变化的范围几乎与其他人物的变化范围一样广——这里必须说,'几乎',是因为有些人物并不完全能胜任叙述或'反映'故事"①。这种叙事声音不是具有自我意识的叙述,充其量只能是种具有人物意识的叙述模式。其所建构的叙事场景也并不具有自我指称功能。因为这种叙事声音中的叙事者往往并不明确地被指称为叙事者,与其说他们在尽可能客观地进行故事内叙述甚至自身故事叙述,不如说只是表现他们自己作为叙述世界之中人物的独立角色功能,只是在尽一切可能最大限度地显示自己作为叙述世界之中的人物的丰满和生动。这种叙事者作为叙述世界之中的人物叙述,作为一种故事内叙述,由于存在叙事者对事实的报告和判断不同于隐含叙事者的报告和判断的现象,往往具有不可靠叙述的性质,其叙述的权威自然受到影响,仅具有有限权威性。

人物叙事声音可以分为个人叙事声音和集体叙事声音两种。如果叙事者是某一确定的人物,就是个人叙事声音的叙述模式;如果叙事者是多个人物,这种叙述声音就是集体叙事声音的叙述模式。个人叙事声音与叙事者叙事声音比较起来,其权威性常常大打折扣,因为无论作为自身故事叙述的"我"还是"他"作为叙事者的声音,虽然也具有统筹其他人物声音的优越地位,却不具备叙事者叙事声音那种超越具体人的优先地位。其地位常常取

---

① 布斯.小说修辞学[M].华明,胡晓苏,周宪,译.北京:北京大学出版社,1987:170-171.

决于受众对叙事者行为和叙事中叙述人物动作的反应。这正如兰瑟所说："作者型的叙述者拥有发挥知识和判断的宽广余地，而个人型叙述者只能申明个人解释自己经历的权利及其有效性。"[①]相对来说，似乎集体叙事声音比个人叙事声音略微具有权威性，情况当然也常常有所不同。这种叙述模式，或者是由多个"碎片化"叙事单元之中的人物通过多方位、交互授权的方式轮流进行的故事内叙述，所以其个人的片面和狭隘可能造成的权威性的缺失会有所缓冲；或者是某个叙事者以集体授权的名义所进行的故事内叙述，同样属于集体叙事声音的范畴，因为这种个人叙事声音其实总是将自己扮演成为集体飘述声音的模式，会不同程度具有集体叙述声音的权威性。在兰瑟看来，集体叙事声音作为社会意识形态的各种汇合以及不断变化的叙述技巧的一种常规叙事模式，具有三种可能的表现形式，即"某叙述者代某群体发言的'单言'形式，复数主语'我们'叙述的'共言'形式和群体中的个人轮流发言的'轮言'形式"[②]。"单言"形式就是由一个人物完成整个"碎片化"叙事，"轮言"形式就是由多个人物每人轮流完成不同"碎片化"叙事单元。其实兰瑟所谓三种表现形式，常常是一定社会政治权力的体现形式。能够以"单言"形式自称代表了某一类人和集体的叙事者常常是这类人或者集体的领导人，其他人除非有特别授权，否则没有资格发出这种集体叙事声音。总是以"我们"的方式进行"共言"形式叙事的叙事者并不十分确定，他可能是某一类人或集体的领导人，只有这种领导人才具有法定权力，能够顺理成章地用"我们"发出叙事声音。或仅仅是平民叙事之中的一种变通说法，其目的是缓和"单言"形式之中"我"的强硬和霸道，这种所谓集体叙事声音仅是一种以较为谦虚的方式将受话人纳入叙事者范畴的一种叙述模式。

① 兰瑟.虚构的权威[M].黄必康，译.北京：北京大学出版社，2002：21.
② 兰瑟.虚构的权威[M].黄必康，译.北京：北京大学出版社，2002：23.

其实这种集体叙事声音本质上仍是一种个人叙事声音,只是这种变通常常更能为读者所接受,因为在把受众纳入叙事者范畴的行为中多少显示了叙述者对受众的包容和尊重。真正具有民主性质的叙事声音是"轮言"形式,采取交互授权和轮流叙事使每个叙事者都拥有均等叙事权力,同时也可能存在均等的被叙事的可能。

单言人物叙事声音其实也可以看成叙事者叙事声音,但由于叙事者将自己的身份与人物混而为一,而人物又是叙事者着意塑造的故事人物,所以往往归之于人物叙述声音范畴,且由于故事始终由单一故事人物叙述,所以可称之为个人或单言的人物叙事声音,也可称为完全人物叙事声音。这种完全人物叙事声音实际上与叙事者叙事声音已经没有多大的区别。所以人物叙事声音与叙事者叙事声音的分别是相对的。虽然所有的人物叙事声音本质上仍是叙事者叙事声音,或是叙事者叙事声音的间接体现,但人物叙事声音毕竟有其特殊性,就是必须在某种程度上符合人物自身的性格乃至心理逻,否则便不够真实。但无论形式上如何像其人物,必定还是叙事者借以表达自己思想情感的手段,只是显得更为含蓄隐蔽些,至少不像叙事者叙事声音那样直截了当以致由叙事者直接负责,于是常常在某种程度上具有不具名的叙事者叙事声音的性质。

共言人物叙事声音,其实也是一种完全人物叙事声音。这种叙事声音可能类似于叙事者叙事声音,又似乎有不同于叙事者叙事声音的特点:一般的叙事者叙事声音可能用第一人称"我"来叙述,共言人物叙事声音则主要用"我们"这一复数形式进行叙述,虽然复数形式的"我们"实际上也包括单数形式的"我",但由于有更广泛的涉及面和涵盖面,显得更具包容性和代表性,当然也蕴含着更权威的话语权。更自信的人物叙事声音通常将"我"与"我们"并用,甚至有时用"他们"来代替"我们",以使叙事声音显得更客观、更公正、更有说服力。这种叙事声音严格来说,已经是明确无误的叙事者叙事声音了,但由于叙事者也是故事的主要参与者甚或领导者,所以仍然可视为人物叙事声音。所谓共言叙事声音,无论是人物叙事声音,还是叙事者叙事声音,一般情况下仍然是单言叙事声音的一个伪装和变体。不仅可以由于包容性而呈现谦虚的特点,且由于覆盖性而具有代言或代表的特点。无论出于哪种目的和需要,最终都可能使这种叙事声音因此显得颇具概括性和周遍性。虽然这种周遍性在某些情况下只是一种叙述策略,并不能从根本上改变单言叙述的事实。

"碎片化"叙事在诸多不方便情况下常借此人物叙事声音表达不便用叙事者叙事声音来表达的思想和情感,只是这种叙事声音并不占据"碎片化"叙事的主体,充其量只能是一种不完全人物叙事声音。一般来说,不完全人物叙事声音,往往可能有不同人物轮流叙述的点,因此也可称为人物轮言或集体叙事声音。轮言或集体叙事声音虽然相对来说较为零散,但同样不能低估。虽然每一个人物的叙事都不可能占据完全的主体地位,但正是这种并不独领风骚的叙事声音在很大程度上解构了完全人物叙事声音的独言的霸道和武断,有较为自由民主的风格。

这种不完全人物叙事声音,有更为曲折的体现。轮言人物叙事声音彼此之间可能是投机的,也可能不投机,可能是和谐的,也可能相互矛盾。但所有这些并不影响轮言人物叙事声音的存在,虽然有些可能具有主导型,有些则可能有被动的特点,但所有声音一旦明白无误地得到展示,便在很大程度上有平等的机会和叙事权力,最起码也在叙事声音方面有相对民主甚或和谐的美学表征。

(三)叙事者与人物交互叙事声音

所谓交互叙事声音并不是指作为叙事文本叙述世界之中人物彼此之间

进行交互叙述所发出的声音,因为这种交互叙事声音仅仅是故事内叙述的集体叙事声音。所谓交互叙事声音是指"碎片化"叙事者叙事声音与人物叙事声音的交互轮流叙述的叙述模式。这也就是柏拉图所谓的"作者时而以自己的身份时而又以人物身份叙述的交互叙述"①。这种叙事声音兼备叙事者叙事声音和人物叙事声音两方面的特点:当叙事者采取叙事者叙事声音的时候,其叙述就具有故事外叙述和非戏剧化叙述的性质,具有可靠叙述的权威性;当作者叙事声音被转换为人物叙事声音时,就又具有故事内叙述和戏剧化叙述的性质,且具有不可靠叙述的有限权威性。如果说叙事者叙事声音是一种比较原始的叙事声音,人物叙事声音常是一种比较简单的叙事声音,交互叙事声音则显得并不十分简单,常具有其他两种单一叙事声音所没有的优势,具有更普遍的使用价值,叙事者叙事声音往往是叙事者叙事声音的独白,人物叙事声音之中的"共言"尤其"单言"形式则显示人物叙事声音的独白,而人物叙事声音之中的"轮言"形式,其多种叙事声音并存的情形开始有所抬头,至于交互叙事声音则具有更圆满的多种叙事声音并存的情形,乃至巴赫金所谓"复调"的性质。在巴赫金看来:"有着众多的各自独立而不相融合的声音和意识,由具有充分价值的不同声音组成的真正的复调,这确实是陀思妥耶夫斯基长篇小说的基本特点。"②交互叙事声音主要有三种类型:或叙事者叙事声音为主、人物叙事声音为辅;或人物叙事声音为主、叙事者叙事声音为辅;或叙事者叙事声音与人物叙事声音并重。

在叙事者叙事声音为主、人物叙事声音为辅的交互叙事声音中,叙事者虽然赋予人物叙事声音以一定的独立性,允许人物具有独立表达对自己和世界的看法的权力,但人物叙事声音所传达的人物意识形态必须接受叙事

---

① 柏拉图.理想国[M].郭斌和,张竹明,译.北京:商务印书馆,1986:72.
② 巴赫金.陀思妥耶夫斯基诗学问题[M].白春仁,顾亚铃,译.北京:生活·读书·新知三联书店,1988:29.

者叙事声音的统摄,使各"碎片化"叙事单元的人物叙事声音具有不同程度受制于统一的叙事者叙事声音整合的性质。叙事者叙事声音仍是整个"碎片化"叙事最强劲的叙事声音。在人物叙事声音为主、叙事者叙事声音为辅的交互叙事声音中,虽然人物叙事声音中各种人物叙事声音可能存在最强音,也可能具有均等强度,但其共同特点是不再完全受制于叙事者叙事声音的统摄,不再从属于叙事者叙事声音,不再是叙事者叙事声音占据主导地位的叙事者意识形态的体现,而是在很大程度上具有自身独立性,并常常以"碎片化"叙事中最强劲叙事声音的形式独立表达人物自己对自我和世界的意识形态,叙事者叙事声音不仅不同程度受制于人物叙事声音的统摄,且有着被最强劲的人物叙事声音掩盖和冲淡的迹象。但在叙事者叙事声音与人物叙事声音并重的叙事声音的叙述模式中,叙事者叙事声音对叙事者意识形态的表达与人物叙事声音对人物意识形态的表达具有同等程度的独立性和同等分量的价值和意义。如巴赫金所说:"主人公对自己、对世界的议论,同一般的作者的议论,具有同样的分量和价值。"①

比较而言,"碎片化"叙事常常以叙事者叙事声音、人物叙事声音及叙事者与人物交互叙事声音多重齐鸣为特征,有些叙事声音甚至更为复杂,往往有真假难辨的效果。作为叙事者叙事声音及人物叙事声音之中的"共言"尤其"单言"形式,都体现了叙事声音的独白特点,或叙事者独白,或人物独白;只有人物叙事声音中的"轮言"形式及叙事者与人物交互叙事声音,因为引入对话机制,构成了多重叙事声音的特点。卢卡奇(Szegedi Lukács György Bernát)指出:"戏剧的表现形式——对话——却以这些孤独者的高级共同性为前提,为的是保持多声部,即保持真正的对话和戏剧性,孤独者的语言是抒情的,是独白的;而在对话中,他的心灵则太明显地暴露出其隐匿者身

---

① 巴赫金.陀思妥耶夫斯基诗学问题[M].白春仁,顾亚铃,译.北京:生活·读书·新知三联书店,1988:30.

份,过多地使言谈和反驳直率而尖锐,并加重其负担。"①也许卢卡奇的阐述太过绝对化,但也不能全然否定如果失去了叙事声音的多重性,将导致叙事效果的孤独化。莫言十分看重"长篇小说的密度",即"密集的事件,密集的人物,密集的思想",莫言写道:"密集的思想,是指多种思想的冲突和绞杀。如果一部小说只有所谓的正确思想,只有所谓的善与高尚,或者只有简单的、公式化的善恶对立,那这部小说的价值就值得怀疑。那些具有进步意义的小说很可能是一个思想反动的作家写的。那些具有哲学思维的小说,大概都不是哲学家写的。好的长篇应该是'众声喧哗',应该是多义多解,很多情况下应该与作家的主观意图背道而驰。在善与恶之间,美与丑之间,爱与恨之间,应该有一个模糊地带,而这里也许正是小说家施展才华的广阔天地。"②

虽然不是所有"碎片化"叙事者都能做到莫言所谓的这一点,但其中最具"碎片化"叙事特征的作品肯定能达到这一境界。因为在"碎片化"叙事中密集的事件、人物、思想等即是通过叙事声音获得彰显的。虽然并不一定不同的事件、人物和思想必定有不同的叙事声音,但不同的叙事声音分明是彰显不同事件,尤其人物和思想的最简单易行的手段和方法,而密集的思想常常是不同叙事声音的核心内容。对不同思想内容的叙事声音的平等看待,是"碎片化"叙事声音设置真正价值之所在。

二、视角设置及其叙事权力

由于叙事视角形成于意识形态层面,意识形态往往支配整个或部分叙事体系,所以叙事视角实际上就是支配叙事组织的世界观。保尔·利科指

---

① 卢卡奇.小说理论[M].燕宏远,李怀涛,译.北京:商务印书馆,2012:36.
② 莫言.捍卫长篇小说的尊严[J].当代作家评论,2006(1):24-28.

出："视角概念是以陈述行为和陈述的关系为中心的研究的至高点。"①叙事视角的设置在"碎片化"叙事中具有极其重要的价值和意义。综前所述,我们可以发现,无论是"碎片化"叙事的共时性、历时性特征,还是时间性、异识性、缝合性三原则,都和"碎片化"叙事视角的设置息息相关。

作为叙事建构的主要叙事策略和语言形式,叙事视角尽管受到许多叙事学家的关注,且进行过诸多阐释和分类,但似乎每一种分类和阐释都未尽善尽美,都未能从叙事者所设定叙事视点的时间和空间形态出发对叙事视角进行更全面、深入和科学的分类和阐释:或失于肤浅,或失于琐碎,或失于逻辑混乱和分类标准不一致。所以,只有在继承经典叙事学和后现代叙事学的基础上,立足"碎片化"叙事者所设定的叙事视点的时间和空间位置,才有可能对"碎片化"叙事的叙事视角进行科学分类和阐释。只有立足"碎片化"叙事者所设定的叙事视点的时间和空间位置,将相应的时间视角与空间视角有机结合,才能准确定位叙事视点,并揭示出不同叙事视角的类型特征。否则,任何片面强调时间视角或空间视角的做法都不可能准确揭示不同"碎片化"叙事视角的类型特征。

同时需要注意的是,在"碎片化"叙事组中,叙事视角作为叙事策略并不是相互独立、互不融合地存在于每一个"碎片化"叙事单元之中,而是比较普遍地以综合方式存在,且愈是具有杰出叙述才能的叙事者愈能综合运用各种类型的叙事视角巧妙转换,使其各尽其妙。

叙事视角的综合运用和巧妙变化在某种意义上是"碎片化"叙事策略和叙事才能的一种综合体现形式。根据"碎片化"叙事者所设定的时间视角和空间视角的不同组合和配置,其叙事视角大抵可以总结为故事外回顾叙述、

① 利科.虚构叙事中时间的塑形[M].王文融,译.北京:生活·读书·新知三联书店,2003:170.

故事外同步叙述、故事外预示叙述、故事内回顾叙述、故事内同步叙述和故事内预示叙述六种类型。

（一）故事外回顾叙述

故事外回顾叙述是一种最真实也最常见的叙述视角，具有外叙述和回顾叙述的一般特征，是"碎片化"叙事者置身于故事之外对故事及其人物进行回顾叙述的一种叙述视角。这种叙述视角的特征在于"碎片化"叙事者不仅能客观且具有权威性地叙述故事的空间全景，能对相对于叙事者叙述时间是过去的故事及其人物进行客观而具有权威性的叙述，且叙事者所知晓或可支配的故事及其人物并不仅限于故事及其人物的过去，甚至涉及故事及其人物的现在和将来。相对于所叙述故事及其人物发生或存在的当时可能为现在和未来的故事及其人物，对叙事者而言则完全有可能是过去发生的故事或存在的人物。这种叙述视角是一种最高层次的全知型叙述视角，以第三人称身份叙述已经发生的故事大抵都属于这一叙述视角。这种叙述视角的最大特点是尽可能不让人们强烈感觉甚或意识到叙事者的存在，或者说越是客观地叙述故事，越是让人们见不到叙事者的叙述，越可能是这一叙述视角。叙事者通过故事外回顾获得一种间离效果，尽可能排除故事外回顾叙述的纯粹客观性给予人们的某些类似绝对真实性的误导。但这种明显有着间离效果的故事外回顾叙述，在叙事中往往只能通过故事内回顾叙述的方式显现，即使采用故事外回顾叙述，大多数情况下也只能以消除叙事者与故事的距离为代价。换而言之，单一"碎片化"叙事单元在建构的过程中，叙事者可以人为增设人物视角，以完成故事外回顾叙述。

对于"碎片化"叙事而言，单一叙事单元的故事外回顾叙述很容易实现，但如同我们在第二章历时性表达维度叙述距离视点维度中所分析的那样，"碎片化"叙事组的视角设置相对复杂很多，因此我们需要重新审视。

如图 3.14 所示，我们假设有"碎片化"叙事单元 A、B，A、B 中均有两位人物，其人物视角为 a_1、a_2，A、B 的事件视角为 b_1、b_2，叙事者视角为 c_1、c_2。如果只看"碎片化"叙事单元 A，要完成其故事外回顾叙述，只需要做到 $a_1 + a_2 < b_1 < c_1$ 即可。但是当 A、B 作为"碎片化"叙事组出现时，就需要考虑其"缝合点"叙事视角。两者事件视角的缝合部分形成了事件视角的缝合面 s_1，两者叙事者视角的缝合部分形成了叙事者视角的缝合面 s_2。s_2 须始终大于 s_1，才能始终保证其整体的故事外回顾叙述性。但是，如果 A、B 之间并不存在直接的"缝合点"，而是靠"留白"叙事进行缝合，那么，"留白"叙事 C 的事件视角与 A、B 之间形成的事件视角缝合面 $s_3 + s_4$，就需要大于"留白"叙事的叙事者视角与 A、B 之间形成的叙事者视角缝合面 $s_5 + s_6$。如果"留白"叙事的事件视角和叙事者视角在其完整叙事线上不是中轴对称性的（实际情况中往往不是），情况就会变得复杂。这种情况下，一部分"留白"叙事中事件视角所形成的缝合面 s_3 将大于叙事者视角所形成的缝合面 s_5，而另一部分事件视角所形成的缝合面 s_4 将小于叙事者视角所形成的缝合面 s_6。$s_5 + s_6$ 是否大于 $s_3 + s_4$ 在这里将很难判断。所以，如果"留白"叙事的事件视角与叙事者视角产生偏移，将会直接打破故事的外回顾叙述性。在这里，"留白"叙事者的身份可能从"全知型"变为"非全知型"。虽然从叙事连贯性的角度，观众可能不会察觉到这样的变化的不妥，但从视角设置的角度，整个叙事的视角变为了"全知"—"非全知"—"全知"，这样的设置让前后叙事者的"全知"其实也变为了"非全知"，让整个"碎片化"叙事者的身份变为了"非全知"。所以在实际处理时，一定要谨慎对待"留白"叙事的故事角度与叙事者角度。

同时需要注意的是，如果 A、B 中人物视角数量不同，意味着两者事件视角、叙事者视角均不同。这时如果两者间仍要做"留白"处理，相对而言，"留

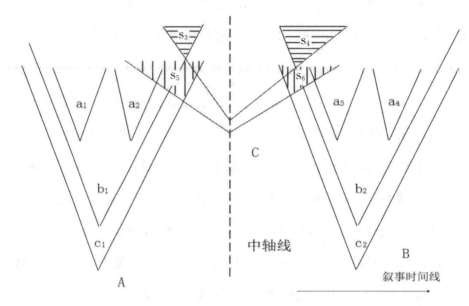

图 3.14　"碎片化"叙事的故事外回顾叙述

白"的事件视角、叙事者视角自然在中轴线两边不对称。这时"留白"叙事反而需要主动调整自身事件视角、叙事者视角,以平衡两者之间的关系,保持整个叙事视角的一致性。可以看出,"缝合点"叙事通过强调叙事者视角的存在性,使用诸如增设人物视角、改变事件视角、叙事者视角对称性之类的手法,增强了回顾叙述的性质,增加了叙事者的叙事权力。

(二)故事外同步叙述

　　与故事外回顾叙述相比,故事外同步叙述这种叙述视角在网络影像中更为普遍。叙事者往往故意隐去其身份,随人物观察同步进行叙述而具有同步叙述性质。这种叙述视角的最大审美表征是叙事者置身于故事世界之外对故事及其人物进行同步叙述,常常具有外叙述和同步叙述的一般特征。这种叙述视角能够以客观而具有权威性的姿态对正在发生的故事和存在的人物进行同步叙述。虽然叙事者也可能在一定程度上对故事及其人物的过去有所了解,但对故事及其人物的未来却知之甚少,甚至一无所知。由于其作为外叙述的全知视角的特征仅限于对故事发生和人物存在当时的所有空间进行全方位观照和透视，这种叙述视角充其量只能是一种有限全知视角。最常见的故事外同步叙述即"现场直播"这一形式。叙事者往往借助人物，或单个人物或多个人物同步解说的视角来观察和叙述故事。在网络直播越来越发达的当下，故事外同步叙述逐渐成为网络影像的一种主流，所以也自然成为"碎片化"叙事的重要视角。

如图 3.15 所示，对于这种视角，首先要强调的是，在真正的故事外同步叙述中，事件视角与叙事者视角必须是完全重合的，同时人物视野也必须全方位覆盖故事视野。因为故事的发生必须是在人物视角范围内的，也即故事的进程是借人物视角推动的，而非第三者介入叙述。而叙事者的存在，又是基于故事发生范围的，即叙事者所知范围不能超过故事涵盖范围。总结起来，即 $a_1 + a_2 \cdots \cdots \geqslant b_1 \geqslant c_1$。$b_1$ 与 a_1、a_2 交集产生出真正的原事件 s_1、s_2，而 c_1 本身就是事件视角与叙事者视角的交集，也就是叙事者视角本身。

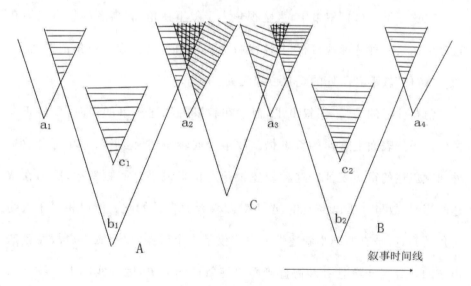

图 3.15 "碎片化"叙事的故事外同步叙述

可以看出,人物视角在这里获得了极大的叙事权力。通过人物视角的交错变化,叙事者使故事外叙述的优势得到极大凸显:叙事者不仅掌握人物外在行为,而且掌握人物的内心活动,并将这一切对受众和盘托出。正是通过身处故事外的叙述者穿梭于各个人物之间,不时附着于每个人物,借他们的眼睛来观察并叙述这一故事的方式,完成了故事外同步叙述。

因为 $c_1 \leqslant b_1$,$c_2 \leqslant b_2$,"碎片化"叙事单元 A、B 之间的叙事视角将很难产生"缝合点",除非 b_1、b_2 之间存在大量交集,也就是两个事件视角之间存在大量重叠,这需要对 b_2 的事件视角进行延展性放大,直至其覆盖 b_1 的事件视角,那样将会造成两个叙事单元内容的大量重复。所以,c_1 和 c_2 之间很难存在直接的"缝合点"。也就是说,c_1 和 c_2 之间需要引入"留白"叙事 C。但是,不同于通常情况下的"留白"叙事,这一类故事外同步叙述的"留白"叙事人物视角的缝合面须大于事件视角缝合面,才能保证整个"碎片化"叙事故事外同步叙述性。

在这一类"留白"叙事中,人物视角大于叙事视角,叙事者的叙事权力在这里更像是一种选择观察权,其叙事权力大小由"留白"叙事视角范围而定,而与"留白"叙事者所处的观察位置无关。

值得注意的是,一些叙事里,似乎在叙事者叙述故事的当时,事件正在发生。虽然表面上这样的叙事仍是故事外同步叙述,但实际上却符合故事外回顾叙述的审美表征。这种叙述视角严格来说仍是回顾叙述,因为在叙述的当时,故事似乎已经发生,至少对叙事者而言是如此。所以相对于人物视角而言,所带有的同步叙述性质也许仅是一个假象,仅是叙事者故意创造出来的自身完全隐退由人物直接而单纯叙述的假象,因为实际上人物并未真正叙述故事,叙述故事的仍只能是叙述者。正因为就其附着于某故事人物与其一同观察和叙述,或更确切地说与故事人物的观察同步进行叙述这一点而言,似乎具有同步叙述的性质。这是因为在这种貌似故事外同步叙述的叙述视角中,并不是所有叙述者身份都是隐藏的。当叙述者以自己的身份真正登台露面的时候,其所彰显的同步叙述性质才更为明显。所以,绝对意义的同步叙述只能是现场直播,而所有叙述的视角根本上只能是事后叙述,严格来说只能是回顾叙述。

(三)故事外预示叙述

故事外预示叙述是一种并不十分常见的叙述视角,是叙述者置身于故事之外对叙述当时尚未发生的故事或存在的人物的一种预示叙述。这种叙述视角能对未来可能发生的故事或存在的人物进行一种貌似客观和具有权威性的预测。这种预测虽然在未来可能得到证实,但在叙述的当时仍仅是一种设想或推测,所以其全知叙述的客观性和权威性相对有限,是一种更有限的全知叙述视角。其全知性仅表现为对它预测或设想的未来可能发生的故事或存在的人物的虚构空间的全景俯视方面。这种叙述视角兼具外叙述和预示叙述的特征。在"碎片化"叙事中,故事外预示叙述,实际上包括完全预示叙述与不完全预示叙述两种情况。完全预示叙述是叙事者预示叙述的事件尚未发生,不完全预示叙述则是相对于叙述当时或叙事者的存在而言所预示叙述的事件实际上已经发生,只是相对于当时叙述事件还未实际发生。

第一种情况中,如图 3.16 所示,我们假设"碎片化"叙事单元 A 的事件视角为 b_1,叙事视角为 c_1,"碎片化"叙事单元 B 的事件视角为 b_2,叙事视角为 c_2。因为是故事外完全预示叙述,$b_1 \geqslant c_1$,$b_2 \geqslant c_2$。如果 A、B 之间存在直接"缝合点",意味着 A 中的叙事视角 b_1 与 B 的事件视角 c_2 的缝合面 s_1 必然也存在于 A 的事件视角范围内,则不能是完全性预示。所以,A、B 之间必然存在一个"留白"叙事,借以拉开 A、B 之间的叙事距离。假设这一"留白"叙事的叙事视角为 C,C 与 b_1 相交产生 s_1,C 与 b_2 相交产生 s_2。如果要保证 A 的预示性叙事存在于 B 中,就要保证 $s_1 > s_2$。以此类推,"碎片化"叙事单元越多,则 $s_1 > s_2 + s_3 + s_4$,故此时叙事权力的大小取决于 s_1 的大小,也即首次预示性叙述在"留白"叙事中所占据的叙事视角大小。

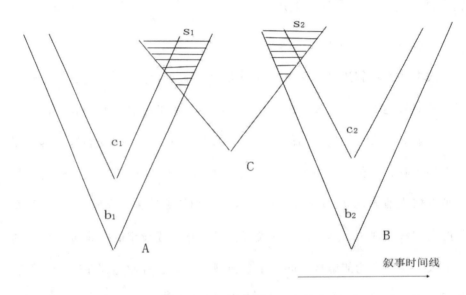

图 3.16 "碎片化"叙事的故事外完全性预示叙述

如果 A、B 之间存在直接"缝合点",如图 3.17 所示,则 b_1 与 c_2 相交产生的 s_1 是 A 中预示性叙述部分,也即 A 的叙事视角产生于 B 的事件视角,但同时 s_1 也涵盖于 c_2 中,故为不完全预示性叙述。其预示性叙述程度决定于两者:(1)s_1 的大小;(2)b_2 与 c_2 之间的面积差。换句话讲,s_1 的大小决定了 A 所意图的预示性内容,b_2 与 c_2 之间的面积差决定了 B 所承载的预示性内容。两者之差越小,代表着 A 中预示内容在 B 中应验程度越高,预示性叙述的叙事权力也就更大。

(四)故事内回顾叙述

故事内回顾叙述的特点是叙述者置身于故事之内,作为故事的一个人

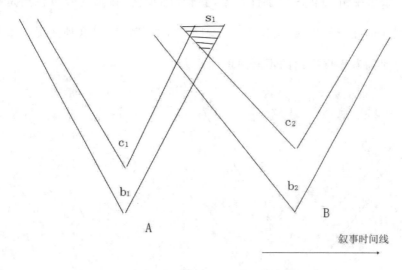

图 3.17 "碎片化"叙事的故事外不完全性预示叙述

物以旁观者、参与者甚或主人公姿态对故事及其人物进行回顾叙述。这种叙述视角由于叙事者介入故事并作为目击者存在,所以叙述的故事及其人物往往容易给人以真实的感觉。但其视界和感知范围的有限性及情感态度和认知的主观性,常使这一叙述视角在很大程度上丧失权威性。这种叙述视角往往兼具内叙述和回顾叙述的特征,充其量只是叙事者对其介入其中的故事及其人物的事后追述。事发当时尚未被其他人物知晓的事实,可能为这个"事后诸葛"所了解。这是一种略带全知性质的有限叙述视角。

通常情况下,故事内回顾叙述通过故事中人物直接进行回顾叙述,更多可能涉及故事情节发展的某些细节,但这些细节无疑均指涉主旨。其实对大多数"碎片化"叙事来说,所有的叙述都可能是故事内回顾叙述,只是有些更具有明显的回顾叙述性质,有些则貌似同步叙述。就已全部完成的事件而言,其实任何一种"碎片化"叙事都是回顾叙述。

如图 3.18 所示,假设有"碎片化"叙事 A、B,两者均采用 a_1 人物视角进行叙述,叙事视角为 c_1、c_2,事件视角为 b_1、b_2。因为是回顾叙述,故 $c_2 > b_1$,即

B 中的叙事视角大于 A 中事件视角,整个"碎片化"叙事的叙事视角是随着事件视角的递增而扩大,类似于抽丝剥茧式的解密,所以这种情况下叙事权力实际是随着事件视角的不断递增而变大。

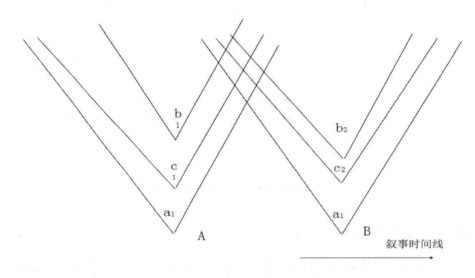

图 3.18   一般情况下"碎片化"叙事故事内回顾叙述

较普遍的故事内回顾叙述常常在人物的对话尤其是回忆中悄无声息地进行,不一定得有人称变化之类有些复杂的程序,也不一定得有十分深刻的哲理,充其量只是不露声色地罗列某一具体时间,然后平铺直叙其故事原委。但值得注意的是,A、B 之间如果存在"留白"叙事 C,那么这种情况下,C 可以不采用与 A、B 相同的人物视角,如图 3.19 所示。假设 C 的人物视角为 a_2,那么 a_2 可能只是主题故事的参与者或目击者,并不一定是故事的亲历者,也没有介入故事发展,甚至就直接是叙事者设置的一个代表叙事者本人视角的画外音。a_2 的出现,为整个叙事提供了新的视角和高度,叙事者可以通过 a_2 提供 a_1 没有的历史背景、相关线索,或者画龙点睛提升意境,展示宏大叙事气象。"留白"叙事虽然很大程度上受到人物自身阅历和见识的影响,不一定能全面而集中地体现叙事者的意志,但最起码能体现叙事者的某些观点和意识。这种观点或意识可能具有循环论甚或宿命论的特点,但也充分体现了其人文使命感。这一叙述视角事实上极易于让受众联想到同步叙述的效果,时间的双重性是形成两种叙述视角共有特点的主要原因。

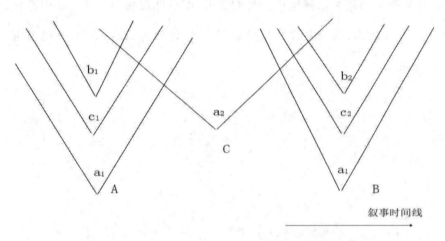

图 3.19 "留白"情况下"碎片化"叙事故事内回顾叙述

(五)故事内同步叙述

故事内同步叙述是叙事者置身于故事内,作为故事中的人物对正在发生的故事或存在的人物进行同步叙述的一种叙述视角。网络直播中大量影像均属于这一种类型,如现场报道、体育解说,等等。在故事内同步叙述中,叙事者充其量只能知晓作为其中人物的叙事者所知,对其他人物之所知则不一定了解。只能知晓故事及其人物的现在,最多也只能对故事及其人物的过去有一定了解,对未来可能同其他人物一样茫然不知。这种兼具内叙述和同步叙述特征的叙述视角的认知范围和层面,较之故事内回顾叙述更有限。这一叙述通过叙事者视角,彰显了叙述与故事同步的特点,似乎叙事者正对着受众讲述故事,不时征询受众的意见,且受众的行为举止似乎在叙述的当时正在发生或叙述就是针对受众的行为进程依次展开的。

如图 3.20 所示,我们假设有"碎片化"叙事单元 A、B,其中 A 的人物视

角为 a_1，叙事视角为 c_1，事件视角为 b_1，因为故事内同步叙述，故 $a_1 = c_1$。假设 B 的人物视角为 a_2，叙事视角为 c_2，在大多数情况下，因为同步叙事的瞬时性，为了保持同步叙事的连贯，叙事视角一般始终保持一致，$a_1 = a_2$，$c_1 = c_2$。叙事的推动其实是靠事件本身的进展，即事件视角的变化。B 中事件视角可以与 A 相同（同一事件），也可以是 b_1 的延伸，所以 B 的事件视角可以为 b_1 或 b_2。

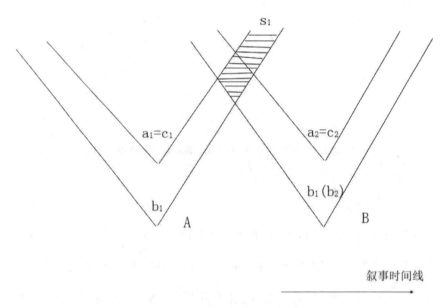

图 3.20　"碎片化"叙事故事内同步叙述

作为故事内同步叙述，如果 A、B 之间存在"缝合点"，那么其真正的缝合面其实并不是 $a_1(c_1)$ 与 $a_2(c_2)$ 的交集，而是处于 a_1 范围外 A、B 交集的子集 s_1。因为 s_1 代表着 b_1 事件视角中叙事者视角无法感知的区域，这个区域如果出现在 A、B 的缝合面内，意味着 a_1 的视角将不是同步叙述，而是预示性叙述。这种情况下，A、B 之间的"留白"叙事 C 其实只作为事件视角的补充出现。因为在同步叙述中，c_1 与 c_2 必须保持叙事时间上的连贯性，如果中间增补一段叙事，意味着 c_1、c_2 之间将会出现间断，必然会遗失一部分子事件。

所以 C 中人物视角、叙事视角都需要与 A、B 保持连贯，唯一可能改变的，就是事件视角的增加。即在不同事件视角中，叙事者以连贯的人物视角、叙事视角进行进一步审视。可以见得，这种情况下叙事权力其实主要在于事件视角。但是，事件视角已经超出了叙事视角，也即超出了叙事者所能掌控的范围，所以这种情况下叙事者的叙事权力较弱。

值得注意的是，一些日记体的"碎片化"叙事一定程度上带有这种叙述视角的性质，但严格来说仍然是故事内回顾叙述，而非故事内同步叙述。日记体叙述只是大体接近于故事内同步叙述的叙述视角，因为真正的严格意义的同步叙述实际上应该是在事件发生的当时同步叙述，而日记体叙述则有可能是事后的当天或以后任何时间的回顾叙述。除非这个叙事在介入故事的同时就直接叙述。不过，从某种意义上讲，大多数叙事难以完全舍弃微观意义的故事内同步叙述，许多就整体形态而言为故事外回顾叙述的叙事，在微观形态上仍然不可避免地采用了故事内同步叙述。虽然整个故事及其人物所构成的世界，对叙事者而言可能是对其尚未介入并在叙述的当时就已经发生、发展甚至结束的故事及其人物的叙述，是故事外回顾叙述，但叙事者在叙述这些故事时，也常常采用其中某些人物作为叙事者来叙述相对人物叙述当时正在发生或发展的故事，在这种意义上叙事又具有故事内同步叙述的性质。

（六）故事内预示叙述

故事内预示叙述是叙事者置身于故事之内，作为故事中的人物对叙述当时尚未发生的故事或存在的人物进行预测叙述的一种叙述视角。这是一种十分有限的叙述视角。其有限性表现在它的所知仅限于作为故事人物自身对故事及其人物未来的推测和设想，甚至对故事及其人物过去和现在也不一定有比较深入的了解，至于对其他人物特别是关于未来的推测和设想可能一无所知,加上情感态度的主观性与认知范围的虚构性,使其可能在更大程度上丧失了权威性。这是一种极为少见的叙述视角,往往兼具内叙述与预示叙述的特征,主要存在于叙述的微观结构中出现的作为故事人物的叙述者对未来的一种推测和设想。

"碎片化"叙事组中,并不一定每个叙事单元都具有哲理性。但是对于那些肩负提升整个"碎片化"叙事深度的叙事单元,故事内预示叙述的手法必然在很大程度上彰显这一重要命题。这种故事内预示叙述绝大多数情况下只能是一种不完全预示叙述,因为在叙述的当时,对参与故事的人物而言,所预示叙述的内容完全不可知,但无疑平添了叙事扑朔迷离的艺术魅力,诸如乐极生悲、否极泰来之类的预示叙述,在很大程度上彰显了人类感知的不可阐释性和科学技术的有限性。

这种情况意味着两个"碎片化"叙事单元之间不可能存在直接"缝合点",只能靠"留白"叙事完成连接。如果不然,就会像图 3.21 所示,假设有"碎片化"叙事单元 A、B,A 的人物视角为 a_1,叙事视角为 c_1,事件视角为 b_1。B 的人物视角为 a_2,叙事视角为 c_2,事件视角为 b_2。如果 A、B 两者存在直接交集,则 a_1 无论与 b_2 在何处产生交集 s_1,s_1 都在 c_1 的视角范围内,即 a_1 对 b_2 的预言,其实已经在 A 中呈现。这显然有违其预言性。故 A、B 之间需要设置"留白"叙事 C,为 a_1 来开预言空间。这种情况下,"留白"叙事 C 其实远比提供预言的 A 叙事权力更大,因为 C 决定了如何描述、实现这一预言,而 A 仅仅是预言的命题者。

三、视域设置及其叙事权力

任何"碎片化"叙事都不可避免地涉及叙述视域。叙事视域分两个类别,一是叙事范围,二是叙事层面。基于叙事范围,往往涉及叙述广度;基于

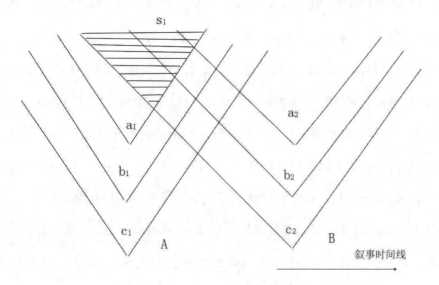

图 3.21 "碎片化"叙事故事故事内预示叙述

叙事层面,常常涉及叙述深度。在符合基本的叙事建构条件下,叙事广度和叙事深度实际上决定了"碎片化"叙事的成败得失,至少是形成"碎片化"叙事风格的关键因素。

(一)视域广度

由于"碎片化"叙事者的生活阅历和体验有所不同,其视域广度必然不同,至少可以分为宏观叙事、中观叙事和微观叙事。所谓宏观叙事往往因为叙事的空间视域开阔和时间跨度大,涉及人类历史的方方面面,有"百科全书式"的特点;微观叙事由于仅截取人类历史的某一时间和空间片段,涉及某一特定空间和时间的人物与事件,具有"插曲式"特点。在"碎片化"叙事中,我们按照宏观与微观对"碎片化"叙事视域进行基础设置。

1.宏观视域

在"碎片化"叙事中,宏观视域分为两小类。第一小类为整体"碎片化"宏观叙事,第二小类为"碎片化"单元宏观叙事。

整体"碎片化"宏观叙事是由多个"碎片化"单元宏观叙事组成。不同"碎片化"单元宏观叙事分别对空间乃至时间有深入叙述。这种叙事常常涉及重大历史题材，往往进行高屋建瓴的抽象宏观叙述，即使不涉及重大历史题材，必涉及最普通的日常生活，往往表面看来极其细致入微的微观细节叙述很有可能却是最根本精神。一些"碎片化"宏观叙事单元可能涉及具体人物和事件，虽然并不因为抽象的普遍性而具有周遍的涵盖性，但由于这些具体人物和事件往往关乎整个"碎片化"叙事的发展，所以对这种看似十分具体且太过习以为常乃至微不足道的人物和事件的微观叙事仍属于宏观叙述范畴。在一般人看来，这一种宏观叙事所涉及的不外乎柴米油盐、吃喝拉撒、衣食起居以及争风吃醋、磕磕碰碰之类不同层次的普通日常生活琐事，似乎最没有诗情画意，但正是立足这些最没有诗情画意的日常生活琐事及素材，有些叙事者能够从寻常生活中发现不寻常，在普通人中发现不普通，甚至在看似最没有诗情画意的日常琐事叙述乃至貌似不可开交的人事纠葛与和解中，发现和彰显耐人寻味的平常心乃至日常生活智慧。普通人的生活不外乎柴米油盐，但即使叱咤风云的大人物也还是无法不食人间烟火。所以看似最为寻常的日常生活却有可能最具耐人寻味的生活智慧。这一类宏观叙事由于有着平常的心态，常常能平等地看待一切人和事件。这不是说对一切任何事件投注基本相同的感情态度，更不是平均使用力气，而是对所有人和事件充满同情和怜悯。这在某种意义上才是其成为宏观叙事的根本原因。正因为能平等看待人世，所以能有更开阔的叙事视域和包罗万象的内容及全景式乃至"百科全书式"的性质。

换言之，"碎片化"的宏观叙事并不因为"碎片化"的特征，而变得只关乎叙事的具体或抽象。无论具体还是抽象，只要关涉某一群体共同生活习惯和历史发展，或对某一群体生活习惯和历史发展有广泛影响，以至具有普遍适用性，"碎片化"叙事便具有宏观叙事的特点。

因此，宏观叙事很大程度上超越了具体的人、时间、地点、事件，给予受众的不是某一特定时间、特定情境、特定人物的个别经验，而是超越时间、情境和人物的普遍经验，所以具有超时空、超情境、超人物三个特征。为了整合不同"碎片化"宏观叙事单元，在叙事视域上形成一个闭合拓扑结构，在构成整体"碎片化"宏观叙事时，叙事者往往采用"分久必合，合久必分"的逻辑整合这三个特征。

我们假设"碎片化"叙事 A 有三个子叙事单元 A_1、A_2、A_3，三个子叙事单元中又分别存在子事件（或人物）A_{11}、A_{12}、A_{21}、A_{22}、A_{31}、A_{32}，超时空、超情境、超人物三个特征分别用 x、y、z 表示。如果 A 中最终存在 x、y、z 三者，那么按照层级向下遍历，将出现如图 3.22 所示可能。每一个节点如果要向下一层推进，都要符合两个条件：第一，都要保证每一节点自身拥有足够多向下演变的三个特征；第二，每一层节点不能有断层，节点自身可以不向下增多，但每一层最起码都要保留上一层所赋予的特征，这样保证了广度增加的连贯性。

可以看出，越是细腻的叙事者，越是能不断分解、不断演化出更多广度层级，层级越高，叙事权力也自然相应越大。这意味着"碎片化"叙事者的叙事权力并不由单一"碎片化"叙事单元的广度决定，而是由"碎片化"叙事单元组、个体事件、人物叠加而决定。层数越多，代表着叙事广度越高。在一些"碎片化"叙事中，叙事者刻意加大某一叙事点的叙事广度，其结果只能是叙事者优先遍历这一点延展下去的叙事广度，但实际上"碎片化"叙事整体的叙事广度却减小了。同时需要注意的是，三个特征的传递必须有始有终，否则将会出现与整体叙事无关的叙述，让受众疑惑。

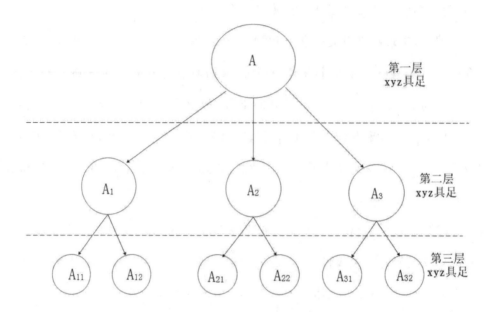

图 3.22 "碎片化"叙事的视域广度层级

这里需要注意区别的是,还有一种使普通事物升华的叙事视域。这里所谓的升华绝不仅仅是与优美相对应的概念,而是类似于"大"的道德名词。这一名词概念及其内涵成了这一类叙事的底线,为整个叙事提供了最朴素和最基本的伦理道德准则。彰显崇高美德的叙述可能是宏观叙事,但不一定是宏大叙事,因为宏大叙事首先得考虑叙述空间乃至时间,宏观叙事虽然也考虑叙述空间和时间,但更考虑叙述的影响力,更考虑叙事权力。

2.微观视域

与宏观叙事形成对比的是微观叙事。"碎片化"叙事的微观叙事主要是对相对有限空间和时间的某些具体人物和事件的叙述,其最大功能和影响也只是提供某些个别经验。微观叙事的最大特点是截取某一时代、某一地域、某一特定人物的某一生活细节和片段加以叙述,在第二章中我们提到过"碎片化"叙事逻辑的偶然性,所以这一细节和片段常常带有极大随意性、不连续性和非常性。虽然有些微观叙事可能涉及的范围更大,不限于某一特定的人、事,可能涉及特定时间段的特定人群。

单一"碎片化"叙事单元中,微观叙事比宏观叙事更常出现。虽然微观叙事仅涉足事件细节甚或片段,常具有微不足道的插曲小品性质,但诸如此类微不足道的插曲小品才是构成"碎片化"宏观叙事的必要部件和基本元素。甚至可以说,正是诸多插曲小品式的微观叙事才真正撑起了"碎片化"宏观叙事的整个叙述世界。

在微观叙事的有限时空内,事件由具有不同功能的事件元素按照一定时间顺序和因果逻辑所构成的序列得以最终显现。所以插曲小品式微观叙事的核心在于不同功能的事件元素。

一般来说,所谓事件元素往往有行动性事件元素和状态性事件元素两类。在罗兰·巴特看来,第一类功能涉及行动程序,包含换喻关系,与行动的功能性相符合。第二类功能涉及状态,包含隐喻关系,与状态的功能性相符合。在他看来,第一类事件元素常常包括核心事件和催化事件,核心事件是以提供一个新选择的方法推动情节发展的事件,催化事件是扩展、详述、维持或延续原有情节的事件。罗兰·巴特指出:"就功能这大类来说,不是所有单位都具有同样的'重要性'。有些单位是叙事作品(或叙事作品的片段)的真正的铰链;另一些单位只是'填补',把功能——铰链隔开的叙述空间。我们称第一种单位为基本功能(或核心),鉴于后一种单位的补充性质,我们称其为催化。"[①]第二类叙事元素往往包括标志与信息,只有在人物层或叙述层才能被充实(补足),故他继续指出:"我们从中能辨别出反映性格、感情、气氛(如猜疑气氛)、哲理等严格意义的标志,也能辨别出用以说明身份和确定时间和空间的信息。"[②]正是诸如此类的行动性事件元素和状态性事

---

① 巴特.叙事作品结构分析导论[M]//王泰来,等.叙事美学.重庆:重庆出版社,1987:72.
② 巴特.叙事作品结构分析导论[M]//王泰来,等.叙事美学.重庆:重庆出版社,1987:74.

件元素的相辅相成才构成了叙事的基本秩序。如果没有行动性事件元素，微观叙事便丧失了推动情节发展的基本功能，但如果仅仅具有行动性事件而没有状态性事件，事件的叙事便可能因为丧失应有的基本状态而多少显得有些模糊不清。

在罗兰·巴特看来，行动性事件元素以换喻为基础，状态性事件元素以隐喻为基础。换喻常常基于空间邻接性，隐喻往往基于类似性。表面的空间邻接性常常与深层的类似性相辅相成，形成微观叙事的层出不穷的变化。行动性事件元素是明显的功能性事件，一般是故事的关键和转折点，往往提供选择，这种选择常常将故事引向不同发展方向。行动性事件元素既具有时序性，又具有因果逻辑性，既是连续单位，又是后果单位。状态性事件元素是功能性并不十分明显的非功能性事件，并不提供选择，也不决定故事的发展方向，只是对行动性事件元素进行细节描写，使行动性事件元素具体且丰满。状态性事件元素只是连续单位，但具有交际功能，可以使叙事语言加速、减缓和重新开始，可以概述和预示，使语义处于紧张状态，以显示曾经或即将具有的意义，维持叙事者与受众之间的接触。如果取消行动性事件元素常常导致故事情节的变化、叙事情节结构的瓦解；如果取消状态性事件元素必然导致叙事语言的变化、叙事审美价值的缺失。

按照这一阐述，如图 3.23 所示，我们可以为"碎片化"微观叙事建立模型。我们假设"碎片化"微观叙事 A 中的行动性事件元素为 a_1、a_2、a_3……，状态性事件元素为 b_1、b_2、b_3……，则从横向角度，行动性事件元素通过换喻过程推动故事发展；从纵向角度状态性事件元素通过隐喻过程丰满故事形态。我们将纵向上一列的 b_1、a_1、b_2……视为一个序列，在这个序列中既有状态性事件元素，也有行动性事件元素。这就符合了罗兰·巴特所说的，对于一个事件"一个单位可以同时属于两个不同的类别"[①],也就是"有些单位可以是混合单位"[②]。

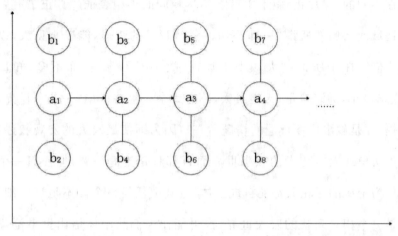

图 3.23 "碎片化"微观叙事模型

可以看出,在"碎片化"微观叙事中,叙事权力由两个因素决定。隐喻的无限延展扩充了叙事情感,换喻的无限向前推动了情节发展。这两者数量越多,叙事权力越大。

虽然我们对"碎片化"叙事进行了宏观与微观二元对立式的设置分析,但要注意的是,在实际叙事中,所谓宏观叙事和微观叙事的分别从来不是绝对的。如果说宏观叙事大多较为典型地呈现于长叙事,微观叙事则可能更多而且只能呈现于短叙事,这并不意味着微观叙事只能存在于"碎片化"叙事单元却不能存在于整个"碎片化"叙事,也并不意味着宏观叙事只能存在于整个"碎片化"叙事却不能存在于"碎片化"叙事单元之中,更不意味着整个"碎片化"叙事有且只有宏观叙事却没有微观叙事。事实上,就一般意义

---

①② 巴特.叙事作品结构分析导论[M]//王泰来,等.叙事美学.重庆:重庆出版社,1987:74.

而言,整个"碎片化"叙事往往既可能存在最大限度的宏观叙事,也可能存在最惟妙惟肖的微观叙事。真正富于叙事智慧的叙述不可能执着于宏观、微观的划分,而应将其有分而无分地有机统一起来。事实是同样的人物和事件可能在不同的"碎片化"叙事中有着不尽相同的类型表征。真正最有智慧的叙事视域或循佛教所谓"一即一切,一切即一"的哲思,能以小见大,以大见小。或借鉴庄子所谓:"大知观于远近,故小而不寡,大而不多,知量无穷。"①毫末虽小,圆满自足;天地虽大,不可无余。也许所谓"一花一世界,一树一菩提"才是叙事广度设置的精髓所在。因为即使最宏大的宏观叙述,对整个人类历史或人类艺术的叙事世界而言都只是沧海一粟,但任何一个叙事世界作为绝缘的存在又都能自成一体,且其中任何一个微不足道的细节,都可能是一个相对完整的宏大世界,都可能让人们从中体悟出世事沧桑与天道变化。

(二)视域深度

根据叙事者对事件透视的深度,可以将叙述分为浅表叙事和深度叙事。

浅表叙述常常涉及事件的历时性形态,关注事件发生的时间、地点、人物、原因、结果,并不直接关涉蕴含其中的深层内涵,也就是限于表面故事意义的叙述。深度叙事往往涉及事件的共时性形态,关注最根本的具有普遍意义的哲学思想内涵,并不十分关注事件本身的经过、原委以及形象的联想,也就是更多直接关涉哲学乃至诸多思想内涵。当然,这两种叙事深度作为理论层面的绝对分类,仅在某些叙事片段和特例中有明显显现。大多数情况下,一些"碎片化"叙事可以介于二者之间,既展示事件的历时性形态,呈现事件的发生、发展和结局,也隐喻甚或暗示事件的共时性形态,彰显哲思,我们可以称其为混合深度叙事。

---

① 郭象.南华真经注疏[M].北京:中华书局,1998:331.

我们设立一个坐标轴，纵轴代表叙事内涵，横轴代表叙事时间。同时，我们人为地在纵轴上找出一条分界线 m，在这条分界线以上的为深度叙事，在这条分界线以下的为浅表叙事。假设一个"碎片化"叙事 A 中有 a_1、a_2、a_3、a_4、a_5 五个事件，事件的排布如图 3.24 所示。我们可以很明显地看出事件内涵的排列。

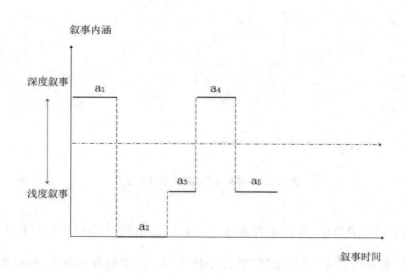

图 3.24 "碎片化"叙事浅表叙事变化

我们再将 m 单独提取出来，以其为原点重新设置坐标轴。纵轴方向是视域深度的增减，横轴方向是叙事时间。图 3.24 所示是视域深度的绝对数值，图 3.25 所示则是视域深度的增减变化。

一个完整"碎片化"叙事 A 的视域深度并不是由其视域深度的绝对数值所确定，而是由其增减变化确定。图 3.25 中一个波峰或波谷所涵盖的面积，才是两个事件之间真正的视域深度。所以，整个"碎片化"叙事 A 的视域深度，实际是不同波峰、波谷面积的抵消叠加。最终视域深度实际是与 m 作比较，如果叠加的数值为正，则代表随着故事的发展，视域深度在增加；如果叠加的数值为负，则代表随着故事的发展，视域深度在降低。

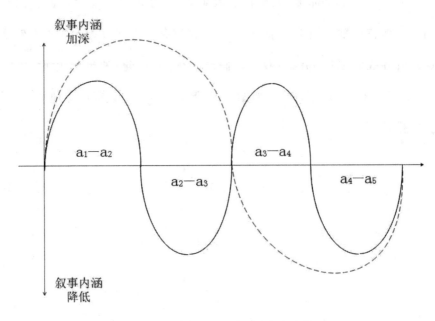

图 3.25 "碎片化"叙事深度叙事变化

图 3.25 的建构,为叙事者选择性地推进故事深度提供了很好的参考。如果叙事者决定在"碎片化"叙事 A 中确立四个层次的视域深度,相应地,最起码就应该有五个子事件,组成 a_1—a_2、a_2—a_3、a_3—a_4、a_4—a_5 四个阶段,提供四个波段。需要注意的是,这种设置只是最基础设置,如果 a_1—a_3 是内涵的连续增长,从 a_4 开始视域深度降低,那么第一个波峰则为 a_1—a_3 阶段。可以见出,一个波段里,随着子事件的增多,视域深度增减的幅度必将变缓,频率必将降低。所以,"碎片化"叙事视域深度的叙事权力,其实与其中个体事件的绝对深度无关,而与同类增减事件的合集个数以及其出现频率息息相关。同类增减事件的合集个数越多,其出现频率越低,则视域深度变化越大,叙事权力越大。

需要注意的是,浅表叙事和深度叙事在递进关系之外,还有其对立关系。在任何一个"碎片化"叙事中,必须透过浅表叙事发现深度叙事的深刻意蕴,否则如果仅关注故事情节的浅表叙事,便只能获其正面意义。透过浅表叙事的正面,关注与此相对甚或相反的深度叙事,才能抓住其反面意义,获得叙述的真正宗旨。这才是混合深度叙事存在的意义。

至此,我们对"碎片化"叙事的"时、体、式"都已一一阐述,"碎片化"叙事体系建构也已经从基础结构建构上升至思想深度建构,完成了整个"碎片化"叙事体系的搭建。

需要注意的是,这里我们的模型搭建,是为网络影像"碎片化"叙事体系提供了叙事视角、声音、时间、时序、情节、事序等一系列基础元素。正如同偶然性逻辑所言,"碎片化"叙事一定存在一个叙事模式,但却不一定是某一个特定的叙事模式。叙事者可以参考第三章中每一个基础元素的设置,根据具体的叙事情境,经过筛选、排列组合形成一个最恰当的"碎片化"叙事模式。换而言之,"碎片化"叙事的偶然性,不断地为叙事者提供新的叙事可能。没有人能肯定地说,这一种叙事模式一定是最好的。只有在实践中不停地尝试各种设置组合,才有可能从中获得最优的选项。

结　语

在利奥塔"小叙事"基础之上，本书进一步延展，步入了网络影像"碎片化"叙事体系建构研究的范畴。在此基础上，笔者在叙事语式的视域下进行研究，探讨了叙事的距离维度和视点维度，得出了共时性维度下两者的作用及影响；在叙事时间的视域下进行研究，探讨了叙事的时距维度、时序维度、时频维度对历时性产生的影响。这两部分内容作为先决条件，直接影响了第三章网络影像"碎片化"叙事体系构建中"时""体""式"的模型建构。

根据后现代主义相关理论，在经过去芜存菁后，结合"碎片化"叙事特征，我们得出了时间性原则和异识性原则。这两个原则在后现代主义中并不鲜见，但是将之具体运用到修辞叙事学中探讨却不常见。时间性原则为网络影像"碎片化"叙事者提供了此时此刻在时间维度上二度创作的合法性。异识性原则为"碎片化"叙事与元叙事彻底划清界限，为"碎片化"叙事提供了界定标准：即一个"碎片化"叙事体系中，各"碎片化"叙事单元之间一定要同时具备延异性、揭示性、沉默性，三者缺一都不符合"碎片化"叙事特征。这两个原则实际上是为元叙事的解构提供了依据。

三原则中的第三条缝合性原则是全书最重要的创新点。"碎片化"叙事研究的解构是必须与重构相呼应的。如果一个元叙事只能解构为"碎片化"叙事，而"碎片化"叙事不能重构为元叙事（不一定是最初那个元叙事），那么其实这个解构过程只能是一个支离、粗暴的肢解过程，不能成为"碎片化"叙事闭合研究体系中的一部分。换而言之，比起元叙事的解构，"碎片化"叙事的重构更加重要。所以，在意识形态相关理论的启发下，我们得出了缝合性原则。缝合性原则的提出，较为完善地解决了"碎片化"叙事重构过程中可能遇到的诸多问题。借用这个原则，在完成了"碎片化"解构之后，我们能成功地将叙事碎片重构成一个叙事整体，完成了从解构到重构的充分必要证明。

正是基于缝合性原则，"碎片化"叙事的建构路径得以成立。不同于以往从单个"碎片化"叙事单元建构着手，在这一新路径下，叙事者将缝合点叙事作为优先建构单元，让整个"碎片化"叙事体系的"点与点"之间有了"线与线"的抓手，反过头来带动了"碎片化"叙事单元的建构。通俗地讲，原来的路径是先将每一个碎片装饰好之后，再来看如何整合，现在的路径是在装饰单个碎片之前，先说好这些碎片能够如何整合，在把碎片边界整理好后，再装饰碎片本身。这样不仅大大提高了效率，也让最终整合目标更加明确。

"碎片化"叙事建构的偶然性逻辑关系着整个体系的布局。在第三章里，我们建立了二十多个基础理论模型。在偶然性逻辑视域下，"碎片化"叙事打破了元叙事的必然性，打开了多元化重构可能性。这二十多个基础理论模型在限定条件的排列组合算法下，能进一步衍生出更多"碎片化"叙事方式，这就为以后的研究者、创作者提供了充分的思考空间。

通过长时间的梳理研究，笔者认为本书基本上完成了体系建构的基本要求，逻辑上也较为圆满。但不足的是，因为是一种新的体系建构，所以模型建构多于实例讨论。一些模型因为缺乏实际案例，仅仅做了理论上的探讨,满足了学理的正确性,特别是一些具有前瞻性的"碎片化"叙事模型。这就为本书埋下了验错性伏笔。但任何一个体系在建构之初,都会面临这样的问题,这也为今后的学术研究提供了进一步深入的可能。

参考文献

中文文献

1.热奈特.叙事话语[M].王文融,译.北京:中国社会科学出版社,1990.

2.巴赞.电影是什么[M].崔君衍,译.北京:中国电影出版社,1987:353.

3.申丹,韩加明,王丽亚.英美小说叙事理论研究[M].北京:北京大学出版社,2005.

4.申丹,王丽亚.西方叙事学:经典与后经典[M].北京:北京大学出版社,2010.

5.孙鹏.电影理论中的结构主义思想研究[D].南京:南京师范大学,2012.

6.戈德罗,若斯特.什么是电影叙事学[M].刘云舟,译.北京:商务印书馆,2005.

7.利奥塔尔.后现代状态:关于知识的报告[M]车槿山,译.北京:生活·读书·新知三联书店,1997.

8.张荣.自由、心灵与时间:奥古斯丁心灵转向问题的文本学研究[M]南京:江苏人民出版社,2010.

9.圣奥古斯丁.忏悔录[M].徐蕾,译.北京:中国社会科学出版社,2008.

10.海德格尔.存在与时间[M].陈嘉映,王庆节,译.北京:生活·读书·新知三联书店,2006.

11.胡塞尔.生活世界现象学[M].倪梁康,张廷国,译.上海:上海译文出版社,2002.

12.黑尔德.时间现象学的基本概念[M].靳希平,等译.上海:上海译文出版社,2009.

13.苗力田.古希腊哲学[M].北京:中国人民大学出版社,1989.

14.麦茨,等.电影与方法:符号学文选[M].李幼蒸,译.北京:生活·读书·新知三联书店,2002.

15.巴特.叙述作品结构分析导论[M]//王泰来,等.叙事美学.重庆:重庆出版社,1987.

16.托多罗夫.叙述作为话语[M]//张寅德.叙述学研究.北京:中国社会科学出版社,1989.

17.柯里.后现代叙事理论[M].宁一中,译.北京:北京大学出版社,2003.

18.托多罗夫.文学作品分析[M]//王泰来,等.叙事美学.重庆:重庆出版社,1987.

19.格雷马斯.结构语义学[M].蒋梓骅,译.天津:百花文艺出版社,2001.

20.郭象.南华真经注疏[M].中华书局,1998.

21.亚里士多德.诗学[M].陈中梅,译.北京:商务印书馆,1996.

22.格雷马斯.叙述语法的组成部分[M]//张寅德.叙述学研究.北京:中国社会科学出版社,1989.

23.利科.虚构叙事中时间的塑形[M].王文融,译.北京:生活·读书·新知三联书店,2003.

24.鲁迅.中国小说史略[M].上海:上海文化出版社,2005.

25.曹雪芹.脂砚斋全评石头记[M].北京:东方出版社,2006.

26.奚侗.老子:奚侗集解[M].上海:上海古籍出版社,2007.

27.福斯特.小说面面观[M]//卢伯克,福斯特,缪尔.小说美学经典三种.方土人,罗婉华,译.上海:上海文艺出版社,1990.

28.布雷蒙.叙述可能之逻辑[M]//张寅德.叙述学研究.北京:中国社会科学出版社,1989.

29.刘熙载.艺概·文概[M]//叶朗,等.中国历代美学文库:近代卷.北京:高等教育出版社,2003.

30.柏拉图.理想国[M].郭斌和,张竹明,译.北京:商务印书馆,1986.

31.沈从文.沈从文全集[M].太原:北岳文艺出版社,2002.

32.凯瑟.谁是小说叙事人[M]//王泰来,等.叙事美学.重庆:重庆出版社,1987.

33.布兹.距离与视角:类别研究[M]//王泰来,等.叙事美学.重庆:重庆出版社,1987.

34.费伦.作为修辞的叙事[M].陈永国,译.北京:北京大学出版社,2002.

35.兰瑟.虚构的权威[M].黄必康,译.北京:北京大学出版社,2002.

36.布斯.小说修辞学[M].华明,胡晓苏,周宪,译.北京:北京大学出版社,1987.

37.陈思和,等.中国现代文论选[M].上海:上海教育出版社,2010.

38.巴赫金.陀思妥耶夫斯基诗学问题[M].白春仁,顾亚铃,译.北京:生活·读书·新知三联书店,1988.

39.卢卡奇.小说理论[M].燕宏远,李怀涛,译.北京:商务印书馆,2012.

40.莫言.捍卫长篇小说的尊严[J].当代作家评论,2006(1).

英文文献

1.LYOTARD J F. The differend:phrases in dispute[M].Cambridge:Cambridge University Press,1996

2.PRINCE G. A dictionary of narratology[M].Lincoln:University of Nebraska Press,1987.

3.LYOTARD F.The hyphen:between Judaism and Christianity[M].Humanity Books,1999.

4.VAN PEPERSTRATEN F.Displacement or composition? Lyotard and Nancy on the trait d'union between Judaism and Christianity[J].International journal for philosophy of religion,2009,65(1).

5. LYOTARD F.The inhuman:reflections on time[M].Cambridge:Polity Press,1991.

6.HAUSHEER H.St.Augustine's conception of time[J].The philosophical review,1983,46(5).

7.LYOTARD F.Lecture d'enfance[M].Paris:Galiee,1991.

8.MCCANCE D.Posts:re addressing the ethical[M].Albany,NY:State University of New York Press,1996.

9.LYOTARD F.Heidegger and "the jews"[M]. Minneaplis:University of Minesota Press,1990.

10.BENNINGTON G.Late lyotard[M].Cambridge:Polity Press,2001.

11.DERRIDA J. L'ecriture et la différence[M].Cambridge:Polity Press,1967.

12.DESCOMBES V. Modern French philosophy[M].Cambridge:Cambridge University Press,1980.

13.CROME K.Lyotard and Greek thought:sophistry[M].Basingstoke，Hampshire:Palgrave Macmillan Press,2004.

14. WILLIAMS J. Lyotard: towards a postmodern philosophy[M].Cambridge:Polity Press,1988.

15.LYOTARD F.Das postmoderne wissen[M].Ein Berichit,1986.

16. MAKROPOULIS M. Modernitat als knoningenzkultur[J]. Poetik und hermeneutik,1998.

17.MAKROPOULIS M.Historische semantik und positivitat der kontingenz[J].Poetik und hermeneutik,2011.

18.WETZ F J.Die degriffe zufall und kontingenz[J].Poetik und hermeneutik,2001.

19. LEIBNIZ G W. Uber die kontingenz [J]. Poetik und hermeneutik,1965.

20.KANT I.Kritik der reinen vernunft.hamburg[J].Poetik und hermeneutik,1956.

21.LYOTARD F.Das interesse des erhabenen[M].Weinheim,1989.

22.HOLDERLIN F.Hyperion[M].Frankfurt:Deutscher Klassiker Verlag,2008.

23.FOUCAULT M.Schrifen in vier banden[M].Frankfurt,2002.

图书在版编目(CIP)数据

网络影像"碎片化"叙事体系建构研究/沈晶著.--北京:中国传媒大学出版社,2023.11
("双一流"建设丛书.学术新锐系列)
ISBN 978-7-5657-3499-1

I.①网… Ⅱ.①沈… Ⅲ.①计算机网络－视频系统－研究 Ⅳ.①TN94 ②TN919.8

中国国家版本馆 CIP 数据核字(2023)第 218025 号

网络影像"碎片化"叙事体系建构研究
WANGLUO YINGXIANG "SUIPIANHUA" XUSHI TIXI JIANGOU YANJIU

著 者	沈 晶	
责任编辑	张 静	
封扉设计	拓美设计	
责任印制	阳金洲	

出版发行	中国传媒大学 出版社			
社 址	北京市朝阳区定福庄东街 1 号	邮 编	100024	
电 话	86-10-65450528 65450532	传 真	65779405	
网 址	http://cucp.cuc.edu.cn			
经 销	全国新华书店			
印 刷	唐山玺诚印务有限公司			
开 本	787mm×1092mm 1/16			
印 张	10.5			
字 数	129 千字			
版 次	2023 年 11 月第 1 版			
印 次	2023 年 11 月第 1 次印刷			
书 号	ISBN 978-7-5657-3499-1/TN · 3499	定 价	56.00 元	

本社法律顾问:北京嘉润律师事务所 郭建平